练习3-1 利用三维层制作旋转立方体 P39

在线视频：第3章\练习3-1 利用三维层制作旋转立方体.avi

例

ASE

U0383098

练习3-2 文字位移动画 P42

在线视频：第3章\练习3-2 文字位移动画.avi

练习3-5 基础旋转动画 P46

在线视频：第3章\练习3-5 基础旋转动画.avi

练习3-3 位置动画 P43

在线视频：第3章\练习3-3 位置动画.avi

练习3-6 利用不透明度制作画中画 P47

在线视频：第3章\练习3-6 利用不透明度制作画中画.avi

练习3-4 基础缩放动画 P45

在线视频：第3章\练习3-4 基础缩放动画.avi

训练3-1 行驶的汽车 P48

在线视频：第3章\训练3-1 行驶的汽车.avi

训练3-2 舞台拉幕动画 P49

在线视频：第3章\训练3-2 舞台拉幕动画.avi

练习4-1 制作卷轴动画 P53

在线视频：第4章\练习4-1 制作卷轴动画.avi

练习4-2 文字随机透明动画 P55

在线视频：第4章\练习4-2 文字随机透明动画.avi

练习4-3 跳动的路径文字 P58

在线视频：第4章\练习4-3 跳动的路径文字.avi

练习4-4 变色字 P60

在线视频：第4章\练习4-4 变色字.avi

练习4-5 机打字效果 P61

在线视频：第4章\练习4-5 机打字效果.avi

训练4-1 聚散文字 P62

在线视频：第4章\训练4-1 聚散文字.avi

练习5-2 利用形状层制作生长动画 P65

在线视频：第5章\练习5-2 利用形状层制作生长动画.avi

训练4-2 卡片翻转文字 P62

在线视频：第4章\训练4-2 卡片翻转文字.avi

练习5-5 利用轨道遮罩制作扫光文字效果 P71

在线视频：第5章\练习5-5 利用轨道遮罩制作扫光文字效果.avi

训练4-3 清新文字 P62

在线视频：第4章\训练4-3 清新文字.avi

练习5-6 利用"矩形工具"制作文字倒影 P72

在线视频：第5章\练习5-6 利用"矩形工具"制作文字倒影.avi

训练5-1 制作轨道遮罩炫酷扫光文字 P73

在线视频：第5章\训练5-1 制作轨道遮罩炫酷扫光文字.avi

训练5-2 利用蒙版扩展制作电视屏幕效果　　P74

在线视频：第5章\训练5-2 利用蒙版扩展制作电视屏幕效果.avi

练习6-1 利用"抠像1.2"制作水墨动画　　P76

在线视频：第6章\练习6-1 利用"抠像1.2"制作水墨动画.avi

练习6-2 利用"卡片动画"制作梦幻汇集效果　　P79

在线视频：第6章\练习6-2 利用"卡片动画"制作梦幻汇集效果.avi

练习6-3 利用"CC 吹泡泡"制作泡泡上升动画　　P80

在线视频：第6章\练习6-3 利用"CC 吹泡泡"制作泡泡上升动画.avi

练习6-4 利用"CC 细雨滴"制作水波纹效果　　P81

在线视频：第6章\练习6-4 利用"CC 细雨滴"制作水波纹效果.avi

练习6-5 利用"CC 水银滴落"制作水珠滴落效果　　P82

在线视频：第6章\练习6-5 利用"CC 水银滴落"制作水珠滴落效果.avi

练习6-6 利用"CC 粒子仿真世界"制作飞舞的小球效果　　P83

在线视频：第6章\练习6-6 利用"CC 粒子仿真世界"制作飞舞的小球效果.avi

练习6-7 利用"CC像素多边形"制作风沙汇集效果　　P84

在线视频：第6章\练习6-7 利用"CC像素多边形"制作风沙汇集效果.avi

练习6-8 利用"CC 下雨"制作下雨效果　　P85

在线视频：第6章\练习6-8 利用"CC 下雨"制作下雨效果.avi

练习6-9 利用"CC下雪"制作下雪效果　　P86

在线视频：第6章\练习6-9 利用"CC下雪"制作下雪效果.avi

训练6-1 利用"碎片"制作破碎的球体效果　　P87

在线视频：第6章\训练6-1 利用"碎片"制作破碎的球体效果.avi

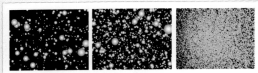

训练6-2 利用 "CC 滚珠操作" 制作三维立体球效果　P88

在线视频：第6章\训练6-2 利用 "CC 滚珠操作" 制作三维立体球效果.avi

练习7-5 利用 "音频波形" 制作电光线效果　P118

在线视频：第7章\练习7-5 利用 "音频波形" 制作电光线效果.avi

练习7-1 利用 "编号" 制作进度动画　P100

在线视频：第7章\练习7-1 利用 "编号" 制作进度动画.avi

练习7-6 利用 "卡片擦除" 制作拼合效果　P121

在线视频：第7章\练习7-6 利用 "卡片擦除" 制作拼合效果.avi

练习7-2 利用 "CC 扫光效果" 制作爆炸文字动画　P110

在线视频：第7章\练习7-2 利用 "CC 扫光效果" 制作爆炸文字动画.avi

练习7-7 利用 "CC 光线擦除" 制作过渡转场　P123

在线视频：第7章\练习7-7 利用 "CC 光线擦除" 制作过渡转场.avi

练习7-3 利用 "勾画" 制作曲线动画　P114

在线视频：第7章\练习7-3 利用 "勾画" 制作曲线动画.avi

练习7-8 利用 "CC径向缩放擦除" 制作动画转场　P124

在线视频：第7章\练习7-8 利用 "CC径向缩放擦除" 制作动画转场.avi

练习7-4 利用 "涂写" 制作手绘效果　P117

在线视频：第7章\练习7-4 利用 "涂写" 制作手绘效果.avi

练习7-9 利用 "CC 球体" 制作球体转动动画　P126

在线视频：第7章\练习7-9 利用 "CC 球体" 制作球体转动动画.avi

练习7-10 利用 "色阶" 校正颜色　P136

在线视频：第7章\练习7-10 利用 "色阶" 校正颜色.avi

练习7-11 利用"更改为颜色"改变影片颜色　　P138

在线视频：第7章\练习7-11 利用"更改为颜色"改变影片颜色.avi

练习7-12 利用"黑色和白色"制作黑白图像　　P140

在线视频：第7章\练习7-12 利用"黑色和白色"制作黑白图像.avi

练习7-13 利用"CC 万花筒"制作万花筒效果　　P141

在线视频：第7章\练习7-13 利用"CC 万花筒"制作万花筒效果.avi

练习7-14 利用"查找边缘"制作水墨画　　P143

在线视频：第7章\练习7-14 利用"查找边缘"制作水墨画.avi

训练7-1 利用"CC 镜头"制作水晶球　　P145

在线视频：第7章\训练7-1 利用"CC 镜头"制作水晶球.avi

训练7-2 利用"CC 卷页"制作卷页效果　　P146

在线视频：第7章\训练7-2 利用"CC 卷页"制作卷页效果.avi

训练7-3 利用"径向擦除"制作笔触擦除动画　　P146

在线视频：第7章\训练7-3 利用"径向擦除"制作笔触擦除动画.avi

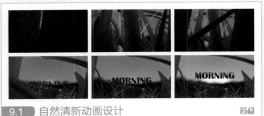

9.1 自然清新动画设计 P163

在线视频：第9章\9.1 自然清新动画设计.avi

9.2 花瓣标志开场动画设计 P167

在线视频：第9章\9.2 花瓣标志开场动画设计.avi

9.3 碎片出字动画设计 P173

在线视频：第9章\9.3 碎片出字动画设计.avi

训练9-1 宝剑刻字特效设计 P180

在线视频：第9章\训练9-1 宝剑刻字特效设计.avi

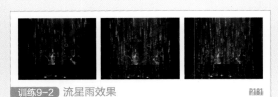

训练9-2 流星雨效果 P181

在线视频：第9章\训练9-2 流星雨效果.avi

10.2 表盘界面动效设计 P185

在线视频：第10章\10.2 表盘界面动效设计.avi

10.1 收藏动效设计 P183

在线视频：第10章\10.1 收藏动效设计.avi

10.3 旅行图标动效设计 P186

在线视频：第10章\10.3 旅行图标动效设计.avi

10.4 购票界面动效设计　　　　　　　　　　P188

在线视频：第10章\10.4 购票界面动效设计.avi

训练10-2 卡通加载动效设计　　　　　　　　P195

在线视频：第10章\训练10-2 卡通加载动效设计.avi

10.5 系统加载动效设计　　　　　　　　　　P192

在线视频：第10章\10.5 系统加载动效设计.avi

训练10-3 拨号界面动效设计　　　　　　　　P196

在线视频：第10章\训练10-3 拨号界面动效设计.avi

11.2 西域巨魔游戏开场设计　　　　　　　　P201

在线视频：第11章\11.2 西域巨魔游戏开场设计.avi

训练10-1 确认按钮动效设计　　　　　　　　P195

在线视频：第10章\训练10-1 确认按钮动效设计.avi

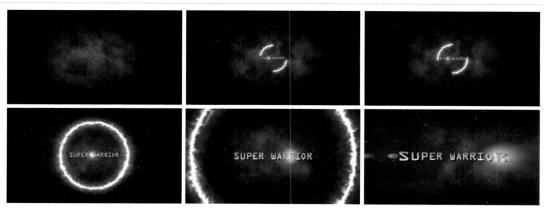

11.1 战机大战动画设计　　　　　　　　　　P198

在线视频：第11章\11.1 战机大战动画设计.avi

11.3 星际游戏开场片头设计　　　　　　　　P208

在线视频：第11章\11.3 星际游戏开场片头设计.avi

训练11-1 滴血文字　　　　　　　　　　　　　　　　　　　　P214

在线视频：第11章\训练11-1 滴血文字.avi

训练11-2 星光之源　　　　　　　　　　P215

在线视频：第11章\训练11-2 星光之源.avi

训练12-1 《理财指南》电视片头　　　　　　　　　P247

在线视频：第12章\训练12-1 《理财指南》电视片头.avi

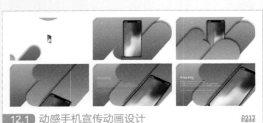

12.1 动感手机宣传动画设计　　　　　　　　　P217

在线视频：第12章\12.1 动感手机宣传动画设计.avi

12.2 旅游宣传片设计　　　　　　　　　　P222

在线视频：第12章\12.2 旅游宣传片设计.avi

12.3 电影频道标志动画设计　　　　　　　　P235

在线视频：第12章\12.3 电影频道标志动画设计.avi

训练12-2 《Music频道》ID演绎　　　　　　　P248

在线视频：第12章\训练12-2 《Music频道》ID演绎.avi

零基础学

After Effects CC 2018

全视频教学版

水木居士 ◎ 编著

人民邮电出版社

北京

图书在版编目（CIP）数据

零基础学After Effects CC 2018：全视频教学版 /
水木居士编著. -- 北京：人民邮电出版社，2019.12（2024.1重印）
ISBN 978-7-115-50413-5

Ⅰ．①零… Ⅱ．①水… Ⅲ．①图象处理软件 Ⅳ.
①TP391.413

中国版本图书馆CIP数据核字(2018)第294017号

内 容 提 要

本书针对零基础读者编写，在基础讲解中插入实例应用，是为想在较短时间内学习并掌握 After Effects CC 2018 软件的读者量身打造的一本从入门到精通的教程。

全书分为 4 篇，入门篇包括第 1～2 章，主要讲解 After Effects CC 2018 速览入门和合成的新建与素材设置；提高篇包括第 3～5 章，主要讲解层及层动画制作、关键帧及文字动画、蒙版与遮罩；精通篇包括第 6～8 章，主要讲解抠像及模拟特效、内置视频特效、动画的渲染与输出；实战篇包括第 9～12 章，主要讲解自然特效动画设计、移动 UI 动效设计、动漫与游戏动画设计、商业栏目包装动画设计等内容，通过大量实战案例，巩固前面的知识，并掌握 After Effects CC 2018 的核心技术。

随书提供所有实例的工程文件和在线教学视频。读者可以边学习边练习，提高效率。

本书可作为欲从事影视制作、栏目包装、手机 UI 动效、电视广告、后期编缉与合成的广大初、中级学习者的自学教材，也可作为社会培训学校、大中专院校相关专业的教学参考书或上机实践指导用书。

◆ 编　　著　水木居士
　　责任编辑　张丹阳
　　责任印制　马振武

◆ 人民邮电出版社出版发行　　北京市丰台区成寿寺路 11 号
　　邮编　100164　电子邮件　315@ptpress.com.cn
　　网址　http://www.ptpress.com.cn
　　北京九州迅驰传媒文化有限公司印刷

◆ 开本：700×1000　1/16　　　　彩插：4
　　印张：16　　　　　　　　　 2019 年 12 月第 1 版
　　字数：344 千字　　　　　　　2024 年 1 月北京第 9 次印刷

定价：59.00 元

读者服务热线：(010)81055410　印装质量热线：(010)81055316
反盗版热线：(010)81055315
广告经营许可证：京东市监广登字 20170147 号

前言
FOREWORD

After Effects CC 2018 是 Adobe 公司推出的影视编辑软件，可用于视频剪辑及特效制作，功能非常强大，是制作动态影像不可或缺的辅助工具，是视频后期合成处理的专业非线性编辑软件。

■ 本书特色

为了方便读者学习，本书以"实例分析 + 效果展示 + 本例知识点"的形式讲解实例，并将 After Effects CC 2018 中常见的问题及解决方法以提示和技巧的形式展现出来，同时在每章的最后都安排了知识总结及拓展训练，帮助读者巩固本章内容。

提示和技巧： 提醒用户在操作过程需要注意的事项。告知用户在操作时的简便方法，或者另外一种操作方式。

练习： 通过实际动手操作学习软件功能，掌握各种工具、面板和命令的使用方法。

知识总结： 每章所学重点知识的归纳与总结。

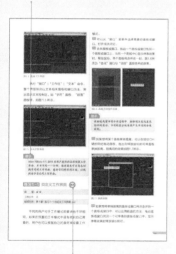

重点： 带有 📕 的为重点内容，是淘宝美工实际应用中使用极为频繁的命令，需重点掌握。

功能介绍： After Effects CC 体系庞大，许多功能之间有着密切练习，增加底色加深印象。

拓展训练： 每章学习后安排训练题，帮助读者巩固所学重点知识。

■ 鸣谢

本书由水木居士编著，在此感谢所有创作人员对本书艰辛的付出。如果在学习过程中发现问题，或有更好的建议，欢迎发邮件到 bookshelp@163.com 与我们联系。

编者
2019 年 11 月

资源
与支持
RESOURCES
AND SUPPORT

本书由数艺社出品，"数艺社"社区平台（www.shuyishe.com）为您提供后续服务。

■ 配套资源

所有案例的工程文件，读者在学习的同时可以随时进行操作学习。

所有案例的在线教学视频，读者可通过 PC 端或移动端观看，配合书中内容进行学习。

■ 资源获取请扫码

"数艺社"社区平台，为艺术设计从业者提供专业的教育产品。

■ 与我们联系

我们的联系邮箱是 szys@ptpress.com.cn。如果您对本书有任何疑问或建议，请您发邮件给我们，并请在邮件标题中注明本书书名及 ISBN，以便我们更高效地做出反馈。

如果您有兴趣出版图书、录制教学课程，或者参与技术审校等工作，可以发邮件给我们；有意出版图书的作者也可以到"数艺社"社区平台在线投稿（直接访问 www.shuyishe.com 即可），如果学校、培训机构或企业想批量购买本书或数艺社出版的其他图书，也可以发邮件联系我们。

如果您在网上发现针对数艺社出品图书的各种形式的盗版行为，包括对图书全部或部分内容的非授权传播，请您将怀疑有侵权行为的链接通过邮件发给我们。您的这一举动是对作者权益的保护，也是我们持续为您提供有价值的内容的动力之源。

■ 关于数艺社

人民邮电出版社有限公司旗下品牌"数艺社"，专注于专业艺术设计类图书出版，为艺术设计从业者提供专业的图书、U 书、课程等教育产品。领域涉及平面、三维、影视、摄影与后期等数字艺术门类，字体设计、品牌设计、色彩设计等设计理论与应用门类，UI 设计、电商设计、新媒体设计、游戏设计、交互设计、原型设计等互联网设计门类，环艺设计手绘、插画设计手绘、工业设计手绘等设计手绘门类。更多服务请访问"数艺社"社区平台 www.shuyishe.com。我们将提供及时、准确、专业的学习服务。

目录
CONTENTS

第 8 章　动画的渲染与输出

第4篇
实战篇

第 9 章　自然特效动画设计

第 10 章　移动UI动效设计

第 11 章　动漫与游戏动画设计

第1篇

入门篇

第 **1** 章

After Effects CC 2018 速览入门

本章主要讲解 After Effects CC 2018 速览入门。首先讲解了 After Effects CC 2018 的操作界面，并详细讲解了自定义工作界面的方法；然后讲解了面板、窗口及工具栏，最后对 After Effects CC 2018 的辅助功能进行了讲解，包括缩放、安全框、网格、参考线等常用辅助工具的使用及设置技巧。

教学目标

了解 After Effects CC 2018 的操作界面

掌握自定义工作界面的方法

了解常用面板、窗口及工具栏的使用

掌握常用辅助功能的使用技巧

1.1 认识操作界面

After Effects CC 2018 的操作界面十分人性化，After Effects 的近几个版本将界面中的各个窗口和面板合并在一起，不再是单独的浮动状态，这样避免了操作时需频繁拖动的不便。

1.1.1 启动After Effects CC 2018

执行"开始 | 所有程序 | After Effects CC 2018"命令，便可启动 After Effects CC 2018 软件。如果已经在桌面上创建 After Effects CC 2018 的快捷方式，则可以直接双击桌面上的快捷图标 ，启动软件，如图 1.1 所示。

图1.1　After Effects CC 2018 启动画面

接着，After Effects CC 2018 被打开，新的 After Effects CC 2018 工作界面呈现出来，如图 1.2 所示。

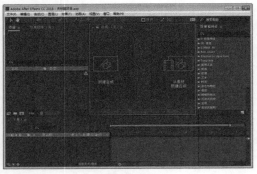

图1.2　After Effects CC 2018 工作界面

1.1.2 默认工作界面

After Effects CC 2018 在界面上更加合理地分配了各个窗口的位置。根据制作内容的不同，After Effects CC 2018 为用户提供了几种预置的工作界面，通过这些预置的命令，可以将界面设置成不同的模式，如动画、绘画、效果等。执行"窗口" | "工作区"命令，可以看到其子菜单中包含多种工作模式子选项，包括"标准""所有面板""效果""浮动面板""简约""动画""文本""绘画""运动跟踪"等模式，如图 1.3 所示。

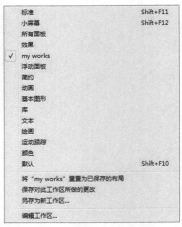

图1.3　多种工作模式

执行"窗口" | "工作区" | "效果"命令，操作界面则切换到效果工作界面中。整个界面排列以特效相关面板和窗口为主，突出显示特效控制区，如"效果和预设""效果控件"等面板，如图 1.4 所示。

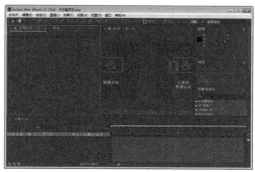

图1.4 效果工作界面

执行"窗口"|"工作区"|"文本"命令，整个界面排列以文本相关面板和窗口为主，突出显示文本控制区，如"字符"面板、"段落"面板等，如图1.5所示。

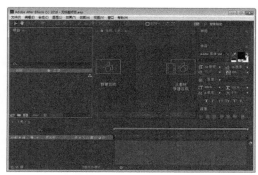

图1.5 文本控制界面

练习1-1 自定义工作界面 重点

难　　度：★★
工程文件：无
在线视频：第1章\练习1-1自定义工作界面.avi

不同的用户对于工作模式的要求也不尽相同，如果在预置的工作模式中没有找到自己需要的，用户也可以根据自己的喜好来设置工作

模式。

01 可以从"窗口"菜单中选择需要的面板或窗口，打开或关闭它。

02 合并面板或窗口。拖动一个面板或窗口到另一个面板或窗口上，当另一个面板中心显示停靠效果时，释放鼠标，两个面板将合并在一起，图1.6所示为"合成"窗口与"项目"面板合并的效果。

图1.6 面板合并操作效果

03 如果想将某个面板单独脱离，可以在按住Ctrl键的同时拖动面板，拖出后释放鼠标即可将面板单独脱离，脱离后的效果如图1.7所示。

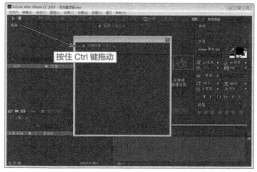

图1.7 脱离面板

04 如果想将单独脱离的面板或窗口再次合并到一个面板或窗口中，可以应用前面的方法，拖动面板或窗口到另一个可停靠的面板或窗口中，显示停靠效果时释放鼠标即可。

05 当界面面板或窗口调整满意后，执行"窗口"|"工作区"|"另存为新工作区"命令，打开"新建工作区"对话框，在"名称"中输入名称，如图1.8所示。单击"确定"按钮，即可将新的界面保存。

图1.8　"新建工作界区"对话框

06 保存后的界面将显示在"窗口"|"工作区"

命令后的子菜单中，如图1.9所示。

图1.9　保存后的工作区显示

提示

如果对保存的界面不满意，可以执行"窗口"|"工作区"|"编辑工作区"命令，从打开的"编辑工作区"对话框中，选择要删除的界面名称，单击"删除"按钮即可。

1.2　面板、窗口及工具栏介绍

After Effects CC 2018 延续了以前版本面板和窗口排列的特点，用户可以将面板和窗口单独浮动，也可以合并起来。这些面板构成了整个软件的特色，通过不同的面板和窗口来达到不同的处理目的，下面来简要介绍这些常用面板和窗口的组成及功能特点。

1.2.1　"项目"面板 重点

"项目"面板位于界面的左上角，主要用来组织、管理视频节目中所使用的素材。视频制作所使用的素材，都要首先导入到"项目"面板中，在此窗口中可以对素材进行预览。

可以通过文件夹的形式来管理"项目"面板，将不同的素材以不同的文件夹分类导入，以便视频编辑时操作的方便，文件夹可以展开也可以折叠，这样更便于"项目"的管理，如图1.10所示。

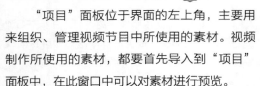

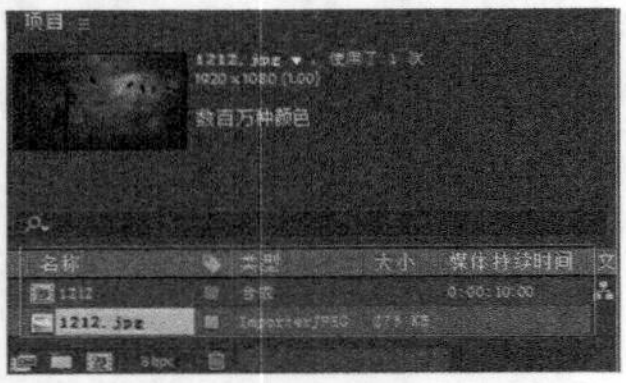

图1.10　导入素材后的"项目"面板

在素材目录区的上方表头，标明了素材、合成或文件夹的属性显示，显示每个素材不同的属性。

- "名称"：显示素材、合成或文件夹的名称，单击该图标，可以将素材以名称方式进行排序。
- "标记"：可以利用不同的颜色来区分项目文件，同样单击该图标，可以将素材以标记的方式进行排序。如果要修改某个素材的标记颜色，直接单击该素材右侧的颜色按钮，在弹出的快捷菜单中，选择适合的颜色即可。
- "类型"：显示素材的类型，如合成、图像或音频文件。同样单击该图标，可以将素材以类型的方式进行排序。
- "大小"：显示素材文件的大小。同样单击该图标，可以将素材以大小的方式进行排序。
- "媒体持续时间"：显示素材的持续时间。同样单击该图标，可以将素材以持续时间的方式进行排序。
- "文件路径"：显示素材的存储路径，以便于素材的更新与查找，方便素材的管理。

提示

属性区域的显示可以自行设定，从项目菜单中的"列"子菜单中，选择打开或关闭属性信息的显示。

1.2.2 "时间线"面板

时间线面板是工作界面的核心部分，视频编辑工作的大部分操作都是在时间线面板中进行的。它是进行素材组织的主要操作区域。当添加不同的素材后，将产生多层效果，然后通过对层的控制来完成动画的制作，如图1.11所示。

在时间线面板中，有时会创建多条时间线，多条时间线将并列排列在时间线标签处。如果要关闭某个时间线，可以在该时间线标签位置，单击关闭██按钮即可；如果想再次打开该时间线，可以在项目窗口中，双击该合成对象。

图1.11　时间线面板

1.2.3 "合成"窗口

"合成"窗口是视频效果的预览区，在进行视频项目的安排时，它是最重要的窗口，在该窗口中可以预览到编辑时的每一帧的效果。如果要在节目窗口中显示画面，首先要将素材添加到时间线上，并将时间滑块移动到当前素材的有效帧内，才可以显示，如图1.12所示。

图1.12　"合成"窗口

1.2.4 "效果和预设"面板

"效果和预设"面板中包含"动画预设""模拟""模糊和锐化""3D通道"和"颜色校正"等多种特效，是进行视频编辑的重要部分，主要针对时间线上的素材进行特效处理。常见的特效都是利用"效果和预设"面板中的特效来完成，"效果和预设"面板如图1.13所示。

图1.13　"效果和预设"面板

1.2.5 "效果控件"面板

"效果控件"面板主要用于对各种特效进行参数设置，当某种特效添加到素材上面时，该面板将显示该特效的相关参数设置界面，可以通过设置参数对特效进行修改，以便达到所需要的最佳效果，如图1.14所示。

图1.14　"效果控件"面板

1.2.6 "字符"面板

通过工具栏或执行菜单栏中的"窗口"|"字符"命令来打开"字符"面板，"字符"面板主要用来对输入的文字进行相关属性设置，包括字体、字体大小、颜色、描边、行距等参数，如图 1.15 所示。

图1.15 "字符"面板

1.2.7 "对齐"面板

执行菜单栏中的"窗口"|"对齐"命令，可以打开或关闭"对齐"面板。

"对齐"面板主要用来对素材进行对齐与分布设置，如图 1.16 所示。

图1.16 "对齐"面板

提示

在应用对齐或分布时，要注意对齐方式的设置。从"将图层对齐到"菜单中可以指定对齐的方式，选择"合成"选项，可以以合成窗口为依据进行对齐或分布；选择"选区"选项，可以以选择的对象为依据进行对齐或分布。

1.2.8 "信息"面板

执行菜单栏中的"窗口"|"信息"命令，或按 Ctrl + 2 组合键，可以打开或关闭"信息"面板。

"信息"面板主要用来显示素材的相关信息，在"信息"面板的上部分，主要显示 RGB 值、Alpha 通道值、鼠标在合成窗口中的 X 轴和 Y 轴坐标位置；在"信息"面板的下部分，根据选择素材的不同，主要显示选择素材的名称、位置、持续时间、出点和入点等信息。"信息"面板如图 1.17 所示。

图1.17 "信息"面板

1.2.9 "预览"面板

执行菜单栏中的"窗口"|"预览"命令，或按 Ctrl + 3 组合键，将打开或关闭 Preview（预演）面板。

"预览"面板主要用来控制素材图像的播放与停止，进行合成内容的预演操作，还可以进行预演的相关设置。"预览"面板如图 1.18 所示。

图1.18 "预览"面板

1.2.10 "图层"窗口

在"图层"窗口中，默认情况下是不显示图像的，如果要在图层窗口中显示画面，直接在时间线面板中双击该素材层，即可打开该素材的"图层"窗口，如图 1.19 所示。

　　"图层"窗口是进行素材修剪的重要部分，常用于素材的前期处理，如入点和出点的设置。处理入点和出点的方法有两种：一种是在时间线窗口中，直接通过拖动改变层的入点和出点；另一种是可以在图层窗口中，通过单击入点按钮设置素材入点，单击出点按钮设置素材出点，以制作出符合要求的视频。

图1.19　"图层"窗口显示效果

1.2.11　工具栏 （难点）

　　执行菜单栏中的菜单"窗口"|"工具"命令，或按 Ctrl + 1 组合键，打开或关闭工具栏，工具栏中包含常用的工具，使用这些工具可以在合成窗口中对素材进行编辑操作，如移动、缩放、旋转、输入文字、创建蒙版、绘制图形等，工具栏如图 1.20 所示。

图1.20　工具栏及说明

　　在工具栏中，有些工具按钮的右下角有一个黑色的三角形箭头，表示该工具还包含其他工具，在该工具上按住鼠标不放，即可显示出其他工具，如图 1.21 所示。

图1.21　显示其他工具

1.3 使用辅助功能

　　在进行素材的编辑时，"合成"窗口下方有一排功能菜单和功能按钮，它的许多功能与"视图"菜单中的命令相同，主要用于辅助编辑素材，包括显示比例、安全框、网格、参考线、标尺、快照、通道和区域预览等命令，通过这些命令，使素材编辑更加得心应手，下面来讲解这些功能的用法。

练习1-2 应用缩放功能 （重点）

难　　度：	★ ★
工程文件:	无
在线视频:	第 1 章 \ 练习 1-2 应用缩放功能 .avi

　　在素材编辑过程中，为了更好地查看影片的整体效果或细微之处，往往需要对素材进行放大或缩小处理，这时就需要应用缩放功能。缩放素材可以使用以下 3 种方法。

● **方法1**：选择"工具栏"中的"缩放工具" 按钮，或按快捷键Z，选择该工具。然后在"合成"窗口中单击，即可放大显示区域；如果按住 Alt键单击，可以缩小显示区域。

● **方法2**：单击"合成"窗口下方的"放大率弹出式菜单" `50%` 按钮，在弹出的菜单中，选择合适的缩放比例，即可按所选比例对素材进行缩放操作。

- **方法3**：按键盘上的"<"或">"键，缩小或放大显示区域。

如果想让素材快速返回到原尺寸100的状态，可以直接双击"缩放工具" 按钮。

1.3.1 安全框 重点

制作的影片若要在电视上播放，由于显像管的不同，显示范围也不同，这时就要注意视频图像及字幕的位置了，因为在不同的电视机上播放时，可能会出现少许边缘丢失的现象，这种现象叫溢出扫描。

在 After Effects CC 2018 软件中，为了防止重要信息的丢失，可以启动安全框，通过安全框来设置素材，以避免重要图像信息丢失。

1.显示安全框

单击"合成"窗口下方的"选择网格和参考线选项"按钮，从弹出的菜单中，选择"标题 / 动作安全"命令，即可显示安全框，如图1.22 所示。

图1.22　启动安全框效果

从启动的安全框中可能看出，有两个安全区域："运动安全框"和"字幕安全框"。通常来讲，重要的图像要保持在"运动安全框"内，

而动态的字幕及标题文字应该保持在"字幕安全框"以内。

2.隐藏安全框

确认当前已经显示安全框，然后单击"合成"窗口下方的"选择网格和参考线选项"按钮，从弹出的快捷菜单中，选择"标题 / 动作安全"命令，即可隐藏安全框。

3.修改设置安全边距

执行菜单栏中的"编辑"|"首选项"|"网格和参考线"命令，打开的"首选项"对话框中，在"安全边距"选项组中，设置"动作安全框"和"字幕安全"的大小，如图1.23 所示。

图1.23　"首选项"对话框

1.3.2 网格的使用

在素材编辑过程中，若需要精确地对素材进行定位和对齐，可以借助网格来完成。在默认状态下，网格为绿色的效果。

1.启用网格

网格的启用可以用下面 3 种方法来完成。

- **方法1**：执行菜单栏中的"视图"|"显示网格"命令，显示网格。
- **方法2**：单击"合成"窗口下方的"选择网格和参考线选项"按钮，在弹出的菜单中，选择"网格"命令，即可显示网格。

- **方法3：** 按"Ctrl+'"组合键，显示或关闭网格。

显示网格后的效果，如图1.24所示。

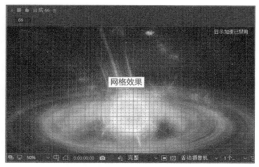

图1.24　网格显示效果

2.修改网格设置

为了方便网格与素材的大小匹配，还可以对网格的大小及颜色进行设置，执行菜单栏中的"编辑"|"首选项"|"网格和参考线"命令，打开"首选项"对话框，在"网格"选项组中，对网格的间距与颜色进行设置。

> **提示**
>
> 执行菜单栏中的"视图"|"对齐到网格"命令，启动吸附网格属性，即可在拖动对象时，在一定距离内自动吸附网格。

1.3.3 参考线

参考线也主要应用在素材的精确定位和对齐操作中，参考线相对网格来说，操作更加灵活，设置更加随意。

1.创建参考线

执行菜单栏中的"视图"|"显示标尺"命令，将标尺显示出来，然后用光标移动水平标尺或垂直标尺位置，当光标变成双箭头时，向下或向右拖动鼠标，即可拉出水平或垂直参考线，重复拖动，可以拉出多条参考线。在拖动参考线的同时，在"信息"面板中将显示出参考线的精确位置，如图1.25所示。

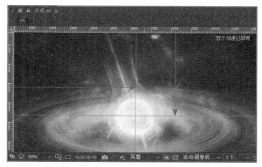

图1.25　参考线

2.显示与隐藏参考线

在编辑过程中，有时参考线会妨碍操作，而又不想将参考线删除，此时可以执行菜单栏中的"视图"|"显示参考线"命令，将前面√取消掉，参考线暂时隐藏。如果想再次显示参考线，执行菜单栏中的"视图"|"显示参考线"命令再选择√即可。

3.对齐到参考线

执行菜单栏中的"视图"|"对齐到参考线"命令，启动参考线的吸附属性，可以在拖动素材时，在一定距离内与参考线自动对齐。

4.锁定与取消锁定参考线

如果不想在操作中改变参考线的位置，可以执行菜单栏中的"视图"|"锁定参考线"命令，选择√锁定参考线，锁定后的参考线将不能再次被拖动改变位置。如果想再次修改参考线的位置，可以执行菜单栏中的"视图"|"锁定参考线"命令，将√去除取消参考线的锁定。

5.清除参考线

如果不再需要参考线，可以执行菜单栏中的"视图"|"清除参考线"命令，参考线则全部删除；如果只想删除其中的一条或多条参考线，可以将光标移动到该条参考线上，当光标变成双箭头时，按住鼠标将其拖出窗口范围即可。

6.修改参考线设置

执行菜单栏中的"编辑"|"首选项"|"网

格和参考线"命令,打开"首选项"对话框,在"参考线"选项组中,设置参考线的"颜色"和"样式"。

练习1-3 标尺的使用

难 度: ★ ★
工程文件: 无
在线视频: 第 1 章 \ 练习 1-3 标尺的使用 .avi

执行菜单栏中的"视图"|"显示标尺"命令,或按 Ctrl + R 组合键,即可显示水平和垂直标尺。标尺内的标记可以显示鼠标光标移动时的位置,可更改标尺原点,从默认左上角标尺上的(0,0)标志位置,拉出十字线到可以从图像上新标尺原点即可。

1.隐藏标尺

当标尺处于显示状态时,执行菜单栏中的"视图"|"显示标尺"命令,将前面√取消即可隐藏标尺。或在打开标尺时,按 Ctrl + R 组合键,即可关闭标尺的显示。

2.修改标尺原点

标尺原点的默认位置,位于窗口左上角,将光标移动到左上角标尺交叉点的位置即原点上,然后按住鼠标拖动,此时,鼠标光标会出现一组十字线。当拖动到合适的位置时,释放鼠标,标尺上的新原点就出现在刚才释放鼠标的位置,如图 1.26 所示。

图1.26 修改原点位置

3.还原标尺原点

双击图像窗口左上角的标尺原点位置,可将标尺原点还原到默认位置。

1.3.4 快照

快照其实就是将当前窗口中的画面进行抓图预存,然后在编辑其他画面时,显示快照内容以进行对比,这样可以更全面地把握各个画面的效果,显示快照并不影响当前画面的图像效果。

1.获取快照

单击"合成"窗口下方的"拍摄快照" 按钮,将当前画面以快照形式保存起来。

2.应用快照

将时间滑块拖动到要进行比较的画面帧位置,然后按住"合成"窗口下方的"显示快照" 按钮不放,将显示最后一个快照效果画面。

> **提示**
>
> 用户还可以利用 Shift + F5 、Shift + F6、Shift + F7 和 Shift + F8 组合键来抓拍 4 张快照并将其存储,然后分别按住 F5 、F6、F7 和 F8 键来逐个显示。

1.3.5 显示通道

单击"合成"窗口下方的"显示通道及色彩管理设置" 按钮,将弹出一个下拉菜单,从菜单中可以选择"红色""绿色""蓝色"和"Alpha"等选项,选择不同的通道选项,将显示不同的通道模式效果。

在选择不同的通道时,"合成"窗口边缘将显示不同通道颜色的标识方框,以区分通道显示。同时,在选择红、绿、蓝通道时,"合成"窗口显示的是灰色的图案效果,如果想显示出通道的颜色效果,可以在下拉菜单中,选择"彩色化"命令。

选择不同的通道,观察通道颜色的比例,有助于图像色彩的处理,在抠图时更加容易掌控。

1.3.6 分辨率解析

分辨率的大小直接影响图像的显示效果，在对影片进行渲染时，设置的分辨率越大，影片的显示质量越好，但渲染的时间就会越长。

如果在制作影片过程中，只想查看一下影片的大概效果，而不是最终的输出，这时，就可以考虑应用低分辨率来提高渲染的速度，以更好地提高工作效率。

单击"合成"窗口下方的"分辨率/向下采样系数弹出式菜单" 完整 按钮，将弹出一个下拉菜单，从该菜单中选择不同的选项，可以设置不同的分辨率效果，各选项的含义如下。

- "完整"：主要在最终的输出时使用，表示在渲染影片时，以最好的分辨率效果来渲染。
- "二分之一"：在渲染影片时，只以影片中1/2大小的分辨率来渲染。
- "三分之一"：在渲染影片时，只以影片中1/3大小的分辨率来渲染。
- "四分之一"：在渲染影片时，只以影片中1/4大小的分辨率来渲染。
- "自定义"：选择该命令，将打开"自定义分辨率"对话框，在该对话框中，可以设置水平和垂直每隔多少像素来渲染影片，如图1.27所示。

图1.27　"自定义分辨率"对话框

1.3.7 设置目标区域预览

在渲染影片时，除了使用分辨率设置来提高渲染速度外，还可以应用区域预览来快速渲染影片。区域预览与分辨率解析不同的地方在于，区域预览可以预览影片的局部，而分辨率解析则不可以。

单击"合成"窗口"目标区域" 按钮，然后在"合成"窗口中单击拖动绘制一个区域，释放鼠标后可以看到区域预览的效果，如图1.28所示。

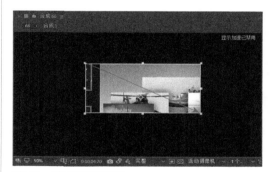

图1.28　目标区域预览效果

1.3.8 设置不同视图

单击"合成"窗口下方的"3D 视图弹出式菜单" 活动摄像机 按钮，将弹出一个下拉菜单。从该菜单中，可以选择不同的 3D 视图，主要包括"活动摄像机""正面""左侧""顶部""背面""右侧"和"底部"等视图。

> **提示**
>
> 要想在"合成"窗口中看到影片图像的不同视图效果，首先要在"时间线"面板中打开三维视图模式。

1.4 知识总结

本章首先讲解了 After Effects 的操作界面，然后详细介绍面板、窗口及工具栏，并对辅助功能进行了讲解，为以后的动画学习打下坚实基础。

1.5 拓展训练

本章为读者朋友安排了 2 个拓展练习，以帮助大家巩固本章内容。

训练1-1 "项目"面板

◆实例分析

"项目"面板主要用来组织、管理动画素材，本例讲解"项目"面板的使用技巧。

难　度：	★
工程文件：无	
在线视频：第1章\训练1-1"项目"面板 .avi	

◆本例知识点

"项目"面板

训练1-2 "时间轴"面板

◆实例分析

"时间轴"面板是动画制作的操作台，After Effects 中动画的制作几乎都在这里完成，下面讲解它的使用技巧。

难　度：	★★
工程文件：无	
在线视频：第1章\训练1-2"时间轴"面板 .avi	

◆本例知识点

"时间轴"面板

第 **2** 章

合成的新建与素材设置

本章主要讲解合成的新建与素材管理。首先讲解了项目及合成的创建方法，合成项目的保存，素材的导入方法及导入设置；然后讲解了素材的归类管理，素材的查看移动；最后详细讲解了素材入点和出点的设置方法。

教学目标

掌握项目文件的创建及保存

掌握不同素材的导入及设置

学习归类管理素材的方法和技巧

掌握素材入点和出点的设置

2.1 项目与合成的新建

本节将通过几个简单实例讲解创建项目和保存项目的基本步骤。这个实例虽然操作比较简单，但是包括许多基本的操作，初步体现了使用 After Effects 的乐趣。本节的重点在于基本步骤和基本操作的熟悉和掌握，强调总体步骤的清晰明确。

练习2-1 创建项目及合成文件

难 度:	★★
工程文件:	无
在线视频:	第 2 章 \ 练习 2-1 创建项目及合成文件 .avi

在编辑视频文件时，首先要做的就是创建一个项目文件，规划好项目的名称及用途，根据不同的视频用途来创建不同的项目文件，创建项目的方法如下。

01 执行菜单栏中的"新建"|"新建项目"命令，或按Ctrl + Alt + N 组合键，即可创建一个项目文件。

> **提示**
>
> 创建项目文件后还不能进行视频的编辑操作，还要创建一个合成文件，这是 After Effects 软件与一般软件不同的地方。

02 执行菜单栏中的"合成"|"新建合成"命令，或在"项目"面板中单击鼠标右键，从弹出的快捷菜单中选择"新建合成"命令，即可打开"合成设置"对话框，如图2.1所示。

图2.1 "合成设置"对话框

> **提示**
>
> 目前各个国家的电视制式并不统一，全世界有三种彩色制式：PAL 制式、NTSC 制式（N 制）和 SECAM 制式。PAL 制式主要应用于 50Hz 供电的地区，如中国、新加坡、澳大利亚、新西兰和德国、英国等一些国家和地区，VCD 电视画面尺寸标准为 352×288，画面像素的宽高比为 1.091 ：1，DVD 电视画面尺寸标准为 704×576 或 720×576，画面像素的宽高比为 1.091 ：1。NTSC 制式（N 制）主要用于 60Hz 交流电供电的地区，如美国、加拿大等大多数西半球国家及日本、韩国等，VCD 电视画面尺寸标准为 352×240，画面像素的宽高比为 0.91 ：1，DVD 电视画面尺寸标准为 704×480 或 720×480，画面像素的宽高比为 0.91 ：1 或 0.89 ：1。

03 在"合成设置"对话框中输入合适的名称、尺寸、帧速率、持续时间等内容后，单击"确定"按钮，即可创建一个合成文件，在"项目"面板中可以看到此文件。

> **提示**
>
> 创建合成文件后，如果用户想在后面的操作中修改合成设置，可以执行菜单栏中的"合成"|"合成设置"命令，打开"合成设置"对话框，对其进行修改。

练习2-2 保存项目文件

难 度:	★
工程文件:	无
在线视频:	第 2 章 \ 练习 2-2 保存项目文件 .avi

在制作完项目及合成文件后，需要及时地将项目文件进行保存，以免电脑出错或突然停电带来不必要的损失，保存项目文件的方法有

以下几种。

01 如果是新创建的项目文件，可以执行菜单栏中的"文件"|"保存"命令，或按Ctrl+S组合键，此时将打开"另存为"对话框，如图2.2所示。在该对话框中，设置适当的保存位置、文件名和文件类型，然后单击"保存"按钮即可将文件保存。

图2.2 "另存为"对话框

02 如果不想覆盖原文件而另外保存一个副本，此时可以执行菜单栏中的"文件"|"另存为"命令，或按Ctrl+shift+S组合键打开"另存为"对话框，设置相关的参数，保存为另外的副本。

03 还可以将文件以复制的形式进行另存，这样不会影响原文件的保存效果，执行菜单栏中的"文件"|"另存为"|"保存副本"命令，将文件以复制的形式另存为一个副本，其参数设置与保存的参数相同。

练习2-3 合成的嵌套 （难点）

难　　度：★★
工程文件：无
在线视频：第2章\练习2-3 合成的嵌套 .avi

一个合成中的素材可以分别提供给不同的合成使用，而一个项目中的合成可以分别是独立的，也可以是相互之间存在"引用"关系的。不过合成之间并不可以相互"引用"，只存在一个合成使用另一个图层，也就是一个合成嵌套另一个合成的关系，如图2.3所示。

图2.3 合成的嵌套

2.2 导入素材文件

在进行影片的编辑时，一般首要的任务是导入要编辑的素材文件，素材的导入主要是将素材导入到"项目"面板中或是相关文件夹中，"项目"面板导入素材主要有下面几种方法。

- 执行菜单栏中的"文件"|"导入"|"文件"命令，或按Ctrl + I组合键，在打开的"导入文件"对话框中，选择要导入的素材，然后单击"打开"按钮即可。
- 在"项目"面板的列表空白处，单击鼠标右键，在弹出的快捷菜单中选择"导入"|"文件"命令，在打开的"导入文件"对话框中，选择要导入的素材，然后单击"打开"按钮即可。
- 在"项目"面板的列表空白处，直接双击鼠标，在打开的"导入文件"对话框中，选择要导入的素材，然后单击"打开"按钮即可。
- 在Windows的资源管理器中，选择需要导入的文件，直接拖动到After Effects软件的"项目"面板中即可。

提示

如果要同时导入多个素材，可以在按住 Ctrl 键的同时逐个选择所需的素材；或是按住 Shift 键的同时，选择开始的一个素材，然后单击最后一个素材即可选择多个连续的文件。也可以应用菜单"文件"|"导入"|"多个文件"命令，多次导入需要的文件。

练习2-4 JPG格式静态图片的导入

难　　度：★	
工程文件：无	
在线视频：第 2 章\练习 2-4 JPG 格式静态图片的导入 .avi	

下面来讲解 JPG 格式静态图片的导入方法，具体操作如下。

提示

在 After Effects 中，素材的导入非常关键。要想做出丰富多彩的视觉效果，单凭借 After Effects 软件是不够的，还要许多外在的软件来辅助设计，这时就要将其他软件做出的不同类型格式的图形、动画效果导入到 After Effects 中应用。而对于不同类型格式，After Effects 又有着不同的导入设置。根据选项设置的不同，所导入的图片不同；根据格式的不同，导入的方法也不同。

01 执行菜单栏中的"文件"|"导入"|"文件"

命令，或按Ctrl + I组合键，打开"导入文件"对话框，如图2.4所示。

02 在打开的"导入文件"对话框中，选择"流星.jpg"文件，然后单击"打开"按钮，即可将文件导入，此时从"项目"面板可以看到导入的图片效果。

图2.4　导入图片的过程及效果

提示

有些常用的动态素材和不分层静态素材的导入方法与JPG格式静态图片的导入方法相同，如".avi"".tif"格式的动态素材。另外，音频文件的导入方法也与常见不分层静态图片的导入方法相同，直接选择素材然后导入即可，导入后的素材文件将位于"项目"面板中。

练习2-5 序列素材的导入

难　　度：★ ★	
工程文件：无	
在线视频：第 2 章\练习 2-5 序列素材的导入 .avi	

下面来讲解序列素材的导入方法，具体操作如下。

01 执行菜单栏中的"文件"|"导入"|"文件"命令，或按Ctrl + I组合键，打开"导入文件"对话

框，选择"凤凰\10001.tga"文件，在对话框的下方，勾选"Targa序列"复选框，如图2.5所示。

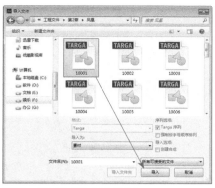

图2.5 "导入"操作步骤及设置

02 单击"导入"按钮，即可将图片以序列图片的形式导入，一般导入后的序列图片为动态视频文件，如图2.6所示。

图2.6 导入效果

提示

在导入序列图片时，如果选择某个图片而不勾选"Targa序列"复选框，则导的图片是静态的单一图片效果。

03 在导入图片时，还将产生一个"解释素材"对话框，在该对话框中可以对导入的素材图片进行通道的设置，主要用于设置通道的透明情况，如图2.7所示。

图2.7 "解释素材"对话框

练习2-6 PSD分层格式素材的导入 重点

难　　度：	★ ★
工程文件：	无
在线视频：	第 2 章 \ 练习 2-6 PSD 分层格式素材的导入 .avi

下面来讲解 PSD 格式素材的导入方法，具体操作如下。

01 执行菜单栏中的"文件"|"导入"|"文件"命令，或按Ctrl + I组合键，打开"导入文件"对话框，选择"音乐插画.psd"文件，如图2.8所示。该素材在Photoshop 软件中的图层分布效果，如图2.9所示。

图2.8 导入文件

图2.9 图层分布效果

02 单击"导入"按钮，将打开一个以素材名命名的对话框，如图2.10所示，在该对话框中，指定要导入的类型，可以是素材，也可以是合成。

图2.10 "音乐插画.psd"对话框

29

03 在导入类型中，选择不同的选项，会有不同的导入效果，"素材"导入、"合成"导入及"合成-保持图层大小"导入效果，分别如图2.11、图2.12、图2.13所示。

提示

在导入类型中，分别选择"合成"和"合成-保持图层大小"导入素材，导入后的效果在项目面板中看似是一样的，但是选择"合成"选项将PSD格式的素材导入项目面板时，每层大小取文档大小；选择"合成-保持图层大小"导入时，取每层的非透明区域作为每层的大小。即"合成"选项是以合成为大小，"合成-保持图层大小"选项是以图层中素材本身尺寸为大小。

图2.11 "素材"导入效果

图2.12 "合成"导入效果

图2.13 "合成-保持图层大小"导入效果

04 在选择"素材"导入类型时，"图层选项"选项组中的选项处于可用状态，选择"合并的图层"单选按钮，导入的图片将是所有图层合并后的效果；选择"选择图层"单选按钮，可以从其右侧的下拉菜单中，选择PSD分层文件的某个图层上的素材导入。

提示

"选择图层"右侧的下拉菜单中的图层数量及名称，取决于PSD格式素材在Photoshop软件中的图层及名称设置。

05 设置完成后单击"确定"按钮，即可将设置好的素材导入"项目"面板中。

2.3 管理素材

在使用 After Effects 软件进行视频编辑时，有时由于需要大量的素材，而且导入的素材在类型上又各不相同，如果不加以归类，将对以后的操作造成很大的麻烦，这时就需要对素材进行合理的分类与管理。

2.3.1 使用文件夹归类管理 重点

虽然在制作视频中应用的素材很多，但使用的素材还是有规律可循的，一般素材可分为静态图像素材、视频动画素材、声音素材、标题字幕、合成素材等，有了这些素材规律，就可以创建一些文件夹放置相同类型的文件，以便快速地查找。

在"项目"面板中，创建文件夹的方法有多种。

执行菜单栏中的"文件"|"新建"|"新建文件夹"命令，即可创建一个新的文件夹。

在"项目"面板中单击鼠标右键，在弹出的快捷菜单中，选择"新建文件夹"命令。

在"项目"面板的下方，单击"新建文件夹" 按钮。

2.3.2 重命名文件夹

　　新创建的文件夹将以系统未命名1、未命名2……的形式出现，为了便于操作，需要对文件夹进行重命名，重命名的方法如下。

01 在"项目"面板中，选择需要重命名的文件夹。

02 按Enter键，将其激活。

03 输入新的文件夹名称即可完成重命名。图2.14所示为重命名文件夹时的激活状态。

图2.14　激活状态

1. 素材的移动和删除

　　有时导入的素材或新建的图像并不是放置在所对应的文件夹中，这时就需要对它进行移动。移动的方法很简单，只需选择要移动的素材，然后将其拖动到对应的文件夹上释放鼠标即可。对于不需要的素材或文件夹，可以通过下列方法来删除。

- 选择要删除的素材或文件夹，然后按Delete键。
- 选择要删除的素材或文件夹，然后单击"项目"面板下方的"删除所选项目项" 按钮即可。
- 执行菜单栏中的"文件"|"整理工程（文件）"|"整合所有素材"命令，可以将"项目"面板中重复导入的素材删除。
- 执行菜单栏中的"文件"|"整理工程（文件）"|"删除未用过的素材"命令，可以将"项目"面板中没有应用到的素材全部删除。

2. 素材的替换

　　在进行视频处理过程中，如果导入 After Effects 软件中的素材不理想，可以通过替换方式来修改，具体操作如下。

01 在"项目"面板中，选择要替换的素材。

02 执行菜单栏中的"文件"|"替换素材"|"文件"命令，也可以直接在当前素材上单击鼠标右键，在弹出的快捷菜单中选择 "替换素材"|"文件"命令。此时将打开"替换素材文件"对话框。

03 在该对话框中，选择一个要替换的素材，然后单击"导入"按钮即可。

> **提示**
>
> 如果导入素材的源发生了改变，而只想将当前素材改变成修改后的素材，这时，可以应用菜单"文件"|"重新加载素材"命令，或在当前素材上单击鼠标右键，在弹出的快捷菜单中，选择"重新加载素材"命令，即可将修改后的文件重新载入，从而替换原文件。

2.3.3 添加素材

　　进行视频制作，首先要将素材添加到时间线，下面来讲解添加素材的方法，具体操作如下。

01 在"项目"面板中，选择一个素材，然后按住鼠标，将其拖动到时间线面板中，如图2.15所示。

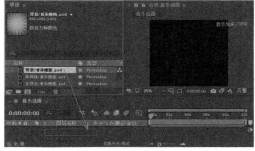

图2.15　拖动素材

02 当素材拖动到时间线面板中时，鼠标指针会有相应的变化，此时释放鼠标，即可将素材添加到"时间线"面板中，如图2.16所示，这样在合成窗口中也将看到素材的预览效果。

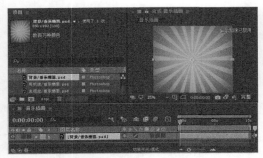

图2.16　添加素材后的效果

2.3.4　查看素材

查看某个素材，可以在"项目"面板中直接双击这个素材，系统将根据不同类型的素材打开不同的浏览效果，如静态素材将打开"素材"窗口，动态素材将打开对应的视频播放软件来预览，静态和动态素材的预览效果分别如图 2.17、图 2.18 所示。

图2.17　静态素材的预览效果

图2.18　动态素材的预览效果

2.3.5　移动素材

默认情况下，添加的素材起点都位于 00:00:00:00 帧的位置，如果想让起点位于其他时间帧的位置，可以通过拖动素材层的方法来改变，拖动的效果如图 2.19 所示。

图2.19　移动素材

在拖动素材层时，不但可以将起点后移，也可以将起点前移，即素材层可以向左或向右随意移动。

2.3.6　设置入点和出点

视频编辑中角色一般都有不同的出场顺序，有些贯穿整个影片，有些只显示数秒，这样就形成了角色入点和出点的不同。所谓入点，就是影片开始的时间位置；所谓出点，就是影片结束的时间位置。素材的入点和出点，可以在"图层"窗口或"时间线"面板中设置。

1. 从"图层"或"素材"窗口设置入点与出点

首先将素材添加到"时间线"面板，然后在"时间线"面板中双击该素材，将打开该层所对应的"图层"窗口，如图 2.20 所示。

图2.20　"图层"窗口

在"图层"窗口中，拖动时间滑块到需要设置成入点的位置，然后单击"将入点设置为当前时间"![按钮]按钮，即可设置当前时间为素材的入点。同样的方法，将时间滑块拖动到需要设置成出点

的位置，然后单击"将出点设置为当前时间" ⏭
按钮，即可设置当前时间为素材的出点。设置入
点和出点后的效果如图2.21所示。

图2.21　设置入点和出点后的效果

2. 从"时间线"面板设置入点与出点

在"时间线"面板中设置素材的入点和出点，
首先将素材添加到"时间线"面板中，然后将
光标放置在素材持续时间条的开始或结束位置，
当光标变成双箭头 ↔ 时，向左或向右拖动鼠标，
即可修改素材入点或出点的位置，图2.22所示
为修改入点的操作效果。

图2.22　修改入点的操作效果

练习2-7 设置入点和出点 重点

难　　度：★★
工程文件：无
在线视频：第2章\练习2-7 设置入点和出点.avi

下面以实例形式讲解在"素材"窗口中设
置素材入点和出点的方法，具体操作过程如下。

01 首先利用"导入"命令导入"动感图像.mp4"
文件。

02 在"项目"面板中直接双击这个素材，将打开
该层所对应的"素材"窗口。

03 将时间调整到00:00:02:00帧位置，在"素
材"窗口，单击其下方的"将入点设置为当前时
间" ⏮ 按钮，为当前素材设置入点，如图2.23
所示。

图2.23　设置入点

04 将时间调整到00:00:04:00帧位置，在"素
材"窗口，单击其下方的"将出点设置为当前时
间" ⏭ 按钮，为当前素材设置出点，如图2.24
所示。

图2.24　设置出点

05 这样就完成了素材入点和出点的设置。从"素
材"窗口中的时间标尺位置，可以清楚地看到设置
入点和出点后的效果。

2.4 知识总结

本章主要讲解 After Effects 最基本的合成新建与素材管理，合成的新建是动画制作的基础，素材是动画创建的支柱，掌握合成的新建与素材的管理，才能更好地进行动画创作。

2.5 拓展训练

本章通过两个拓展练习，着重讲解文件夹的使用，及如何更好地对素材进行整理，以便日后的查找与修改。

训练2-1 使用文件夹归类管理

◆实例分析

在制作大型动画时，由于素材过多比较凌乱，此时就可以使用文件夹将其进行归类管理，本例重点讲解文件夹的归类管理方法。

难　度：★
工程文件：无
在线视频：第 2 章 \ 训练 2-1 使用文件夹归类管理 .avi

◆本例知识点

文件夹的使用

训练2-2 重命名文件夹

◆实例分析

新创建的文件夹以系统自动命名为主，而制作动画时需要对文件夹进行分类，这就需要重命名文件夹，本例重点讲解文件夹的重命名方法。

难　度：★
工程文件：无
在线视频：第 2 章 \ 训练 2-2 重命名文件夹 .avi

◆本例知识点

重命名文件夹

第 **2** 篇

提高篇

第 **3** 章

层及层动画制作

本章主要讲解 After Effects 中层的概念及基础动
画的制作、多种层的创建及使用方法、层的排序
设置、层列表的使用、常见层列表属性的使用及
设置方法。通过本章内容，掌握层的应用、层属
性的设置及简单动画的制作。

教学目标

认识常见素材层
掌握层的创建方法
掌握常见层属性的设置技巧
掌握利用层属性制作动画的技巧

3.1 层的基本操作

层，指素材层，是 After Effects 软件的重要组成部分，几乎所有的特效包括动画效果，都是在层中完成的，特效的应用首先要添加到层中，才能制作出最终效果。层的基本操作包括创建层、选择层、层顺序的修改、查看层列表、层的自动排序等，掌握这些基本操作，才能更好地管理层，并应用层制作优质的影片效果。

3.1.1 创建层 重点

层的创建非常简单，只需要将导入"项目"面板中的素材，拖动到时间线面板中即可创建层，如果同时拖动几个素材到"项目"面板中，就可以创建多个层。

3.1.2 选择层 重点

要想编辑层，首先要选择层。选择层可以在时间线面板或"合成"窗口中完成。

● 如果要选择某一个层，可以在时间线面板中直接单击该层，也可以在"合成"窗口中单击该层中的任意素材图像，即可选择该层。

● 如果要选择多个层，可以在按住Shift键的同时，选择多个连续的层；也可按住Ctrl键依次单击要选择的层名称位置，选择多个不连续的层。如果选择错误，可以按住Ctrl键再次选择层名称位置，取消该层的选择。

● 如果要选择全部层，可以执行菜单栏中的"编辑"|"全选"命令，或按Ctrl + A 组合键；如果要取消层的选择，可以执行菜单栏中的"编辑"|"全部取消选择"命令，或在时间线面板中的空白处单击，即可取消层的选择。

● 选择多个层还可以从时间线面板中的空白处单击拖动一个矩形框，与框有交叉的层将被选择，如图3.1所示。

图3.1　框选层效果

3.1.3 删除层 重点

有时，由于错误的操作，可能会产生多余的层，这时需要将其删除。删除层的方法十分简单，首先选择要删除的层，然后执行菜单栏中的"编辑"|"清除"命令或按 Delete 键，即可将层删除。图 3.2 所示为层删除前后的效果。

图3.2　层删除前后的效果

3.1.4 层的顺序

应用"图层"|"新建"下的子命令，或使用其他方法创建新层时，新创建的层都位于所有层的上方。但有时根据场景的安排，需要将层进行上下移动，这时就要调整层顺序，在时间线面板中，通过拖动可以轻松完成层的顺序修改。

选择某个层后，按住鼠标拖动它到需要的位置，当出现一个蓝色的长线时，释放鼠标，即可改变层顺序，拖动的效果如图 3.3 所示。

图3.3 修改层顺序

图3.4 层复制前后的效果

改变层顺序，还可以应用菜单命令，在"图层"|"排列"子菜单中，包含多个移动层的命令，分别介绍如下。

- "将图层置于顶层"：将选择层移动到所有层的顶部，组合键Ctrl + Shift +]。
- "使图层前移一层"：将选择层向上移动一层，组合键Ctrl +]。
- "使图层后移一层"：将选择层向下移动一层，组合键Ctrl + [。
- "将图层置于底层"：将选择层移动到所有层的底部，组合键Ctrl + Shift + [。

3.1.5 层的复制与粘贴

"复制"命令可以将相同的素材快速重复使用，选择要复制的层后，执行菜单栏中的"编辑"|"复制"命令，或按 Ctrl + C 组合键，即可将层复制。

在需要的合成中，执行菜单栏中的"编辑"|"粘贴"命令，或按 Ctrl + V 组合键，即可将层粘贴，粘贴的层将位于当前选择层的上方。

另外，还可以应用"重复"命令来复制层，执行菜单栏中的"编辑"|"重复"命令，或按 Ctrl + D 组合键，快速复制一个位于所选层上方的副本层，如图 3.4 所示。

提示

"重复""复制"的不同之处在于："重复"命令只能在同一个合成中完成副本的制作，不能跨合成复制；而"复制"命令可以在不同的合成中完成复制。

3.1.6 序列层

序列层就是将选择的多个层按一定的次序进行自动排序，并根据需要设置排序的重叠方式，还可以通过持续时间来设置重叠的时间。选择多个层后，执行菜单栏中的"动画"|"关键帧辅助"|"序列图层"命令，即可打开"序列图层"对话框，如图 3.5 所示。

图3.5 "序列图层"对话框

"序列图层"中不同的参数设置将产生不同的层过渡效果。过渡"关"表示不使用任何过渡效果，直接从前素材切换到后素材；"溶解前景图层"表示前素材逐渐变得透明直至消失，接着后素材出现；"交叉溶解前景和背景图层"表示前素材和后素材以交叉方式渐隐过渡。

3.2 认识层属性

在进行视频编辑过程中，层属性是制作视频的重点，可以辅助视频制作及特效显示，掌握这些内容显得非常重要，下面来讲解常用层属性。

3.2.1 层的基本属性

层的基本属性主要包括层的显示与隐藏、音频的显示与隐藏、层的单独显示、层的锁定与解锁，下面来详细讲解这些属性的应用。

- **层的显示与隐藏**：在层的左侧，有一个显示与隐藏的"视频" 图标，单击该图标，可以将层在显示与隐藏之间切换。层的隐藏不但会关闭该层图像在合成窗口中的显示，还会影响最终的输出效果，如果想在输出的画面中出现该层，还要将其显示。

- **音频的显示与隐藏**：在层的左侧，有一个"音频" 图标，添加音频层后，单击音频层左侧的"音频" 图标，图标将会消失，在预览合成时将听不到声音。

- **层的单独显示**：在层的左侧，有一个层单独显示的"独奏" 图标，单击该图标，在合成窗口中只显示开启单独显示图标的层，其他层处于隐藏状态。

- **层的锁定与解锁**：在层的左侧，有一个层锁定与解锁的"锁定" 图标，单击该图标，可以将层在锁定与解锁之间切换。层锁定后，将不能再对该层进行编辑，要想重新选择编辑就要首先对其解除锁定。层的锁定只影响用户对该层的选择编辑，不影响最终的输出效果。

3.2.2 层的高级属性

在时间线面板的中部，还有一个参数区，主要用来对素材层显示、质量、特效、运动模糊等属性进行设置与显示，如图3.6所示。

- **"消隐"** ：单击"消隐"图标可以将选择层隐藏，而图标样式会变为扁平，但时间线面板中的层不发生任何变化，如果想隐藏该层，可以在时间线面板上方单击隐藏 按钮，即可开启隐藏功能。

- **"塌陷"** ：如果有三维效果设置了预合成，单击"塌陷"图标可以读取其中的三维效果，对于合成图层可以折叠变换，而对于矢量图层可以连续栅格化处理。

- **"质量和采样"** ：设置合成窗口中素材的显示质量，单击图标切换"高质量"与"低质量"两种显示方式。

- **"效果"** ：在层上增加效果后，当前层将显示特效图标。单击"效果"按钮，可以使用或取消当前层效果的应用。

- **"帧混合"** ：可以在渲染时对影片进行柔和处理，通常在调整素材播放速率后单击应用。首先在时间线面板中选择动态素材层，然后单击帧混合图标，最后在时间线面板上方单击帧混合按钮。

- **"运动模糊"** ：可以在After Effects软件中记录层移动时产生的模糊效果。

- **"调整图层"** ：可以将原层制作成透明层，在单击"调整图层"图标后，在调整层下方的这个层上可以同时应用调整图层所应用的效果。

- **"3D图层"** ：可以将二维层转换为三维层操作，单击三维层图标后，层将具有Z轴属性。

在时间线面板的中间部分还包含6个开关按钮，用来对视频进行相关的属性设置，如图3.7所示。

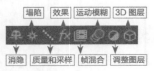

图3.6 属性区

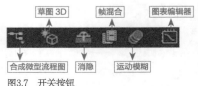

图3.7 开关按钮

- "合成微型流程图" ：合成微型流程图是一个可用于在合成网络中快速导航的瞬态控制。当打开"合成微型流程图"时，它将立即显示所选合成上游和下游的合成。
- "草图3D" ：在三维环境中进行制作时，可以将环境中的阴影、摄像机和模糊等功能状态进行屏蔽，以草图的形式显示，以加快预览速度。

在时间线面板中，还有很多其他的参数设置，可以在时间线面板中的属性名称上，单击鼠标右键，通过"列数"下设的子菜单选项来打开，如图3.8所示。

图3.8 快捷菜单

练习3-1 利用三维层制作旋转立方体

难　　度：★★★

工程文件：第3章\练习3-1\旋转立方体动画.aep

在线视频：第3章\练习3-1 利用三维层制作旋转立方体.avi

01 执行菜单栏中的"文件"|"打开项目"命令，选择"旋转立方体动画练习.aep"文件。

02 执行菜单栏中的"图层"|"新建"|"纯色"命令，打开"纯色设置"对话框，设置"名称"为"立方体1"，"宽度"为"200"，"高度"为"200"，"颜色"为黑色。

03 选择"立方体1"层，在"效果和预设"面板中展开"生成"特效组，然后双击"梯度渐变"特效。

04 在"效果控件"面板中，修改"梯度渐变"特效的参数，设置"渐变起点"的值为（100，100），"起始颜色"为白色，"渐变终点"的值

为（230，200），"结束颜色"为蓝色（R：6；G：147；B：255），从"渐变形状"下拉菜单中选择"径向渐变"。

05 打开"立方体1"层三维开关，选中"立方体1"层，展开变换栏，设置"位置"的值为（350，400，0），设置"X轴旋转"的值为90，如图3.9所示。

图3.9 设置"立方体1"参数

06 选中"立方体1"层，按Ctrl+D键复制出另一个新的图层，将该图层文字更改为"立方体2"，设置"位置"的值为（350，200，0），"X轴旋转"的值为90，如图3.10所示。

图3.10 设置"立方体2"参数

07 选中"立方体2"层，按Ctrl+D键复制出另一个新的图层，将该图层文字重命名为"立方体3"，设置"位置"的值为（350，300，-100），"X轴旋转"的值为0，如图3.11所示。

图3.11 设置"立方体3"参数

08 选中"立方体3"层，按Ctrl+D键复制出另一个新的图层，将该图层文字重命名为"立方体4"，设置"位置"的值为（350，300，100），如图3.12所示。

图3.12 设置"立方体4"参数

09 选中"立方体4"层，按Ctrl+D键复制出另一个新的图层，将该图层文字重命名为"立方体5"，设置"位置"的值为（450，300，0），"Y轴旋转"的值为90，如图3.13所示。

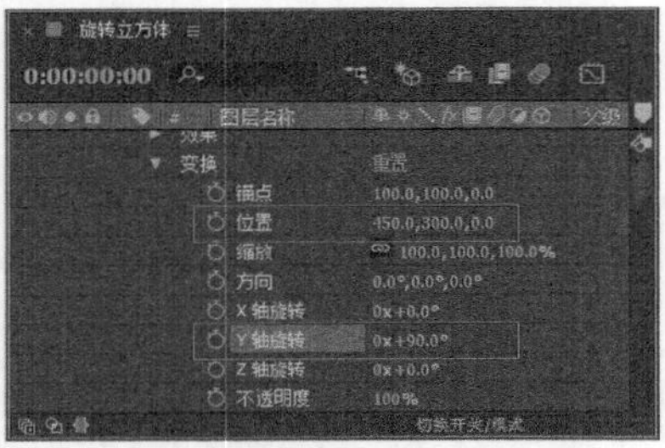

图3.13 设置"立方体5"参数

10 选中"立方体5"层，按Ctrl+D键复制出另一个新的图层，将该图层文字重命名为"立方体6"，设置"位置"的值为（250，300，0），"Y轴旋转"的值为90，如图3.14所示。合成窗口效果如图3.15所示。

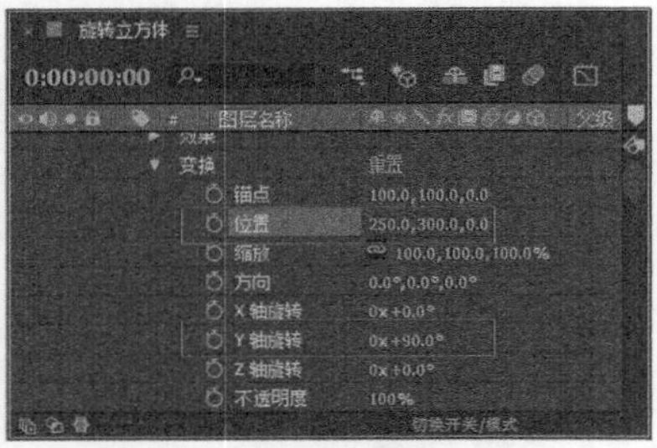

图3.14 设置"立方体6"参数

图3.15 合成窗口效果

11 在时间线面板中，选择"立方体2""立方体3""立方体4""立方体5"和"立方体6"层，将其设置为"立方体1"层的子物体，如图3.16所示。

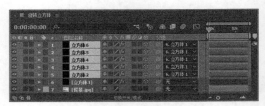

图3.16 设置子物体

12 将时间调整到00:00:00:00帧的位置，选中"立方体1"层，按R键打开"旋转"属性，设置"方向"的值为（320，0，0），"Z轴旋转"的值为0，单击"Z轴旋转"左侧的码表 按钮，在当前位置设置关键帧。

13 将时间调整到00:00:04:24帧的位置，设置"Z轴旋转"的值为2x，系统会自动设置关键帧，如图3.17所示。

图3.17 设置"Z轴旋转"关键帧

14 这样就完成了利用三维层制作立方体旋转动画的整体制作，按小键盘上的"0"键，即可在合成窗口中预览动画。完成后的动画流程画面如图3.18所示。

图3.18　动画流程画面

层基础动画属性

时间线面板中，每个层都有相同的属性设置，包括层的"锚点""位置""缩放""旋转"和"不透明度"，这些常用层属性是进行动画设置的基础，也是修改素材较常用的属性设置，它是掌握基础动画制作的关键所在。

3.3.1　层列表

当创建一个层时，层列表也相应出现，应用的特效越多，层列表的选项也就越多，层的大部分属性修改、动画设置，都可以通过层列表中的选项来完成。

层列表具有多重性，有时一个层的下方有多个层列表，在应用时可以一一展开进行属性的修改。

展开层列表，可以单击层前方的 ▶ 按钮，当 ▶ 按钮变成 ▼ 状态时，表明层列表被展开；如果单击 ▼ 按钮，使其变成 ▶ 状态时，表明层列表被关闭。图3.19所示为层列表的显示效果。

图3.19　层列表显示效果

提示

在层列表中，还可以快速应用组合键来打开相应的属性选项。如按A键可以打开"锚点"选项；按P键可以打开"位置"选项等。

3.3.2　锚点 （重点）

"锚点"主要用来控制素材的旋转中心，即素材的旋转中心点位置，默认的素材锚点一般位于素材的中心位置，在"合成"窗口中，选择素材后，可以看到一个 ◈ 标记，这就是锚点。图3.20所示为锚点改变前后的旋转效果。

图3.20　锚点改变前后旋转效果对比

锚点的修改，可以通过下面3种方法来完成。

- **方法1：** 使用"向后平移（锚点）工具" ▦。首先选择当前层，然后单击工具栏中的"向后平移（锚点）工具" ▦，将鼠标移动到"合成"窗口中，拖动锚点 ◈ 到指定的位置释放鼠标即可，如图3.21所示。

图3.21　移动锚点过程

● **方法2**：拖动修改。单击展开当前层列表，或按A键，将光标移动到"锚点"右侧的数值上，当光标变成 状时，按住鼠标拖动，即可修改锚点的位置，如图3.22所示。

图3.22 拖动修改锚点位置

● **方法3**：利用对话框修改。展开层列表后，在"锚点"上单击鼠标右键，在弹出的菜单中，选择"编辑值"命令，打开"锚点"对话框，如图3.23所示，在该对话框中设置新的数值即可。

图3.23 "锚点"对话框

练习3-2 文字位移动画 重点

难　度：★★
工程文件：第 3 章 \ 练习 3-2\ 文字位移动画 .aep
在线视频：第 3 章 \ 练习 3-2 文字位移动画 .avi

01 执行菜单栏中的"文件"|"打开项目"命令，选择"文字位移练习.aep"文件。

02 执行菜单栏中的"图层"|"新建"|"文本"命令，新建文字层，输入"SUPER SKY"，在"字符"面板中，设置文字字体为Bodoni Bd BT，字号为30像素，字体颜色为蓝色（R: 14，G: 91，B: 136）。

03 将时间调整到00:00:00:00帧的位置，展开"SUPER SKY"层，单击"文本"右侧的三角形 按钮，从菜单中选择"锚点"命令，设置

"锚点"的值为（-400，0）。展开"文本"|"动画制作工具1"|"范围选择器 1"选项组，设置"起始"的值为0，单击"起始"左侧的码表 按钮，在当前位置设置关键帧，合成窗口效果如图3.24所示。

图3.24 设置0秒关键帧

04 将时间调整到00:00:02:00帧的位置，设置"起始"的值为100，系统会自动设置关键帧，如图3.25所示。

图3.25 设置2秒关键帧参数

05 这样就完成了文字位移动画的整体制作，按小键盘上的"0"键，即可在合成窗口中预览动画。完成后的动画流程画面如图3.26所示。

图3.26 动画流程画面

3.3.3 位置 重点

"位置"用来控制素材在"合成"窗口中的相对位置，它的修改也有 3 种方法。

- **方法1**：直接拖动。在"时间线"或"合成"窗口中选择素材，然后使用"选取工具" ▶，在"合成"窗口中按住鼠标拖动素材到合适的位置，如图3.27所示。如果按住Shift键拖动，可以将素材沿水平或垂直方向移动。

图3.27 修改素材位置

- **方法2**：组合键修改。选择素材后，按方向键来修改位置，每按一次，素材将向相应方向移动1个像素。如果同时按住Shift键，素材将向相应方向一次移动10个像素。
- **方法3**：输入修改。单击展开层列表，或直接按P键，然后单击"位置"右侧的数值区，激活后直接输入数值来修改素材位置。也可以在"位置"上单击鼠标右键，在弹出的菜单中选择"编辑值"命令，打开"位置"对话框，重新设置参数，以修改素材位置，如图3.28所示。

图3.28 "位置"对话框

练习3-3 位置动画

难　度：	★★
工程文件：	第3章\练习3-3\位置动画.aep
在线视频：	第3章\练习3-3位置动画.avi

01 执行菜单栏中的"文件"|"打开项目"命令，打开"打开"对话框，选择"位置动画练习.aep"文件。

02 在时间线面板中，将时间调整到00:00:00:00帧位置，选择"鸽子"层，然后按P键，展开"位置"。单击"位置"左侧的码表 ▣ 按钮，设置"位置"的值为（-92，288），在当前时间设置一个关键帧，如图3.29所示。

图3.29 00:00:00:00帧位置设置关键帧

03 将时间调整到00:00:01:00帧位置，修改"位置"的值为（300，173），以移动素材的位置，如图3.30所示。

图3.30 修改位置

04 修改完关键帧位置后，素材的位置也将跟着变化，此时，"合成"窗口中的素材效果如图3.31所示。

图3.31 素材的变化效果

05 将时间调整到00:00:02:00帧位置，修改"位置"的值为（615，280），如图3.32所示。

图3.32 修改位置添加关键帧

06 修改完关键帧位置后，素材的位置也将跟着变化，此时，"合成"窗口中的素材效果如图3.33所示。

图3.33 素材的变化效果

07 使用同样的方法，调整时间并添加关键帧，修改位置值，这样，就完成了位置动画的制作，按空格键或小键盘上的"0"键，可以预览动画的效果，其中的几帧画面如图3.34所示。

图3.34 位置动画效果

3.3.4 缩放 重点

缩放属性用来控制素材的大小，可以通过直接拖动的方法来改变素材大小，也可以通过修改数值来改变素材的大小。利用负值的输入，还可以使用缩放命令来翻转素材，修改的方法有以下3种。

- **方法1**：直接拖动缩放。在"合成"窗口中，使用"选取工具" ▶ 选择素材，可以看到素材上出现8个控制点，拖动控制点就可以完成素材

的缩放。其中，位于4个角位置的点可以在水平、垂直方向上同时缩放素材；两个水平中间的点可以水平缩放素材；两个垂直中间的点可以垂直缩放素材，如图3.35所示。

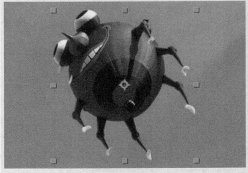

图3.35 缩放效果

- **方法2**：输入修改。展开层列表，或按S键，然后单击"缩放"右侧的数值，激活后直接输入数值来修改素材大小，如图3.36所示。

图3.36 修改数值

- **方法3**：利用对话框修改。展开层列表后，在"缩放"上单击鼠标右键，在弹出的菜单中选择"编辑值"命令，打开"缩放"对话框，如图3.37所示，在该对话框中设置新的数值即可。

图3.37 "缩放"对话框

提示

如果当前层为3D层，还将显示一个"深度"选项，表示素材在Z轴上的缩放。同时在"保留"右侧的下拉菜单中，"当前长宽比（XYZ）"将处于可用状态，表示在三维空间中保持缩放比例。

练习3-4 基础缩放动画 重点

难　　度：★★
工程文件：第3章\练习3-4\基础缩放动画.aep
在线视频：第3章\练习3-4 基础缩放动画.avi

01 执行菜单栏中的"文件"|"打开项目"命令，选择"缩放动画练习.aep"文件，将文件打开。

02 在时间线面板中，将时间调整到00:00:00:00帧的位置，选择"动"层，然后按S键展开"缩放"属性，设置"缩放"的值为（800，800），并单击"缩放"左侧的码表 按钮，在当前位置设置关键帧，如图3.38所示。

图3.38　修改缩放值

03 将时间调整到00:00:00:05帧的位置，设置"缩放"的值为（100，100），系统会自动设置关键帧，如图3.39所示。

图3.39　00:00:00:05帧位置的缩放参数设置

04 下面利用复制、粘贴命令，快速制作其他文字的缩放效果。在时间线面板中单击"动"层"缩放"名称位置，选择所有缩放关键帧，然后按Ctrl + C 组合键复制关键帧，如图3.40所示。

图3.40　选择缩放关键帧

05 选择"感"层，确认当前时间为00:00:00:05帧时间处，按Ctrl + V组合键，将复制的关键帧粘贴在"感"层中，效果如图3.41所示。

图3.41　粘贴后的效果

06 将时间调整到00:00:00:10帧位置，选择"光"层，按Ctrl + V组合键粘贴缩放关键帧；再将时间调整到00:00:00:15帧位置，选择"波"层，按Ctrl + V组合键粘贴缩放关键帧，以制作其他文字的缩放动画，如图3.42所示。

图3.42　制作其他缩放动画

07 这样就完成了基础缩放动画的整体制作，按小键盘上的"0"键，即可在合成窗口中预览动画。完成后的动画流程画面如图3.43所示。

图3.43　动画流程画面

3.3.5 旋转 重点

旋转属性用来控制素材的旋转角度，依据锚点的位置使用旋转属性，可以使素材产生相应的旋转变化，旋转操作可以通过以下3种方式进行。

- 方法1：利用"旋转工具" 。首先选择素材，然后单击工具栏中的"旋转工具" 按钮，然后移动鼠标到"合成"窗口中的素材上，可以看到光标呈状，将光标放在素材上直接拖动鼠标，即可将素材旋转，如图3.44所示。

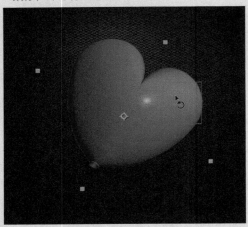

图3.44　旋转操作效果

- 方法2：输入修改。单击展开层列表，或按R键，然后单击"旋转"右侧的数值，激活后直接输入数值来修改素材旋转角度，如图3.45所示。

图3.45　输入数值修改旋转角度

提示

旋转的数值不同于其他的数值，它的表现方式为0×+0.0。在这里，加号前面的0×表示旋转的周数，如旋转1周则输入1×，即旋转360，旋转2周则输入2×，依次类推。加号后面的0.0表示旋转的角度，它是一个小于360度的数值，如输入30.0，表示将素材旋转30度。这里输入正值，素材将按顺时针方向旋转；输入负值，素材将按逆时针方向旋转。

- 方法3：利用对话框修改。展开层列表后，在"旋转"上单击鼠标右键，在弹出的菜单中，选择"编辑值"命令，打开"旋转"对话框，如图3.46所示，在该对话框中设置新的数值即可。

图3.46　"旋转"对话框

练习3-5 基础旋转动画 重点

难　　度：★★

工程文件：第3章\练习3-5\基础旋转动画.aep

在线视频：第3章\练习3-5 基础旋转动画.avi

01 执行菜单栏中的"文件"|"打开项目"命令，选择"旋转动画练习.aep"文件，将文件打开。

02 将时间调整到00:00:00:00帧的位置，选择"风车"层，按R键打开"旋转"属性，设置"旋转"的值为0，单击"旋转"左侧的码表◎按钮，在当前位置设置关键帧，如图3.47所示。

图3.47　00:00:00:00帧位置旋转参数设置

03 将时间调整到00:00:02:00帧的位置，设置"风车"层的"旋转"的值为1x，如图3.48所示。

图3.48　00:00:02:24帧位置的旋转参数设置

04 这样就完成了基础旋转动画的整体制作，按小键盘上的"0"键，即可在合成窗口中预览动画。完成后的动画流程画面如图3.49所示。

图3.49　动画流程画面

3.3.6 不透明度 （重点）

不透明度属性用来控制素材的透明程度。一般来说，除了包含通道的素材具有透明区域，其他素材都以不透明的形式出现，要想让素材变得透明，就要使用不透明度属性来修改，不透明度的修改方式有以下 2 种。

- **方法1**：输入修改。单击展开层列表，或按T键，然后单击"不透明度"右侧的数值，激活后直接输入数值来修改素材的不透明度，如图3.50所示。

图3.50　修改不透明度数值

- **方法2**：利用对话框修改。展开层列表后，在"不透明度"上单击鼠标右键，在弹出的菜单中，选择"编辑值"命令，打开"不透明度"对话框，如图3.51所示，在该对话框中设置新的数值即可。

图3.51　"不透明度"对话框

练习3-6 利用不透明度制作画中画 （重点）

难　度：★★
工程文件：第 3 章 \ 练习 3-6\ 画中画 .aep
在线视频：第 3 章 \ 练习 3-6 利用不透明度制作画中画 .avi

01 执行菜单栏中的"合成"|"新建合成"命令，打开"合成设置"对话框，设置"合成名称"为"画中画"，"宽度"为"720"，"高度"为"576"，"帧速率"为"25"，并设置"持续时间"为00:00:04:00，如图3.52所示。

图3.52　合成设置

02 执行菜单栏中的"文件"|"导入"|"文件"命令，打开"导入文件"对话框，选择"城堡.jpg""城堡2.jpg""城堡3.jpg"素材，将素材导入"项目"面板中。

03 在"项目"面板中，选择"城堡.jpg""城堡2.jpg"和"城堡3.jpg"素材，将其拖动到"画中画"合成的时间线面板中，如图3.53所示。

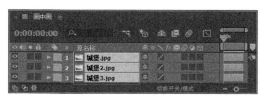

图3.53　添加素材

04 将时间调整到00:00:00:00帧的位置，选中"城堡3"层，按T键打开"不透明度"属性，单击"不透明度"左侧的码表按钮，在当前位置设置关键帧。将时间调整到00:00:02:15帧的位置，设置"不透明度"的值为0，系统会自动添加关键帧，如图3.54所示。

图3.54　设置关键帧

05 将时间调整到00:00:01:00帧的位置，选中"城堡2"层，按T键打开"不透明度"属性，设置"不透明度"的值为0，单击"不透明度"左侧的码表◎按钮，在当前位置设置关键帧。将时间调整到00:00:02:15帧的位置，设置"不透明度"的值为100，系统会自动添加关键帧，如图3.55所示。

调整到00:00:03:24帧的位置，设置"不透明度"的值为100，系统会自动添加关键帧，如图3.56所示。

图3.56　设置关键帧

07 这样就完成了"画中画"动画的整体制作，按小键盘上的"0"键，可在合成窗口中预览动画效果。完成后的动画流程画面如图3.57所示。

图3.55　设置关键帧

06 将时间调整到00:00:02:15帧的位置，选中"城堡"层，按T键打开"不透明度"属性，设置"不透明度"的值为0，单击"不透明度"左侧的码表◎按钮，在当前位置设置关键帧。将时间

图3.57　动画流程画面

3.4 知识总结

　　本章主要讲解基础动画的控制。After Effects 最基本的动画制作离不开位置、缩放、旋转、不透明度和定位点的设置，本章就从基础入手，让零起点读者轻松起步，迅速掌握动画制作的基础技术，掌握 After Effects 动画制作的技巧。

3.5 拓展训练

　　本章通过 2 个拓展练习，着重讲解了"位置""旋转""缩放"属性的动画应用。

训练3-1 行驶的汽车

◆**实例分析**

　　本例主要讲解利用"旋转"和"位置"属性制作位移旋转动画的效果，完成后的动画流程画面如图 3.58 所示。

难　　度：★ ★
工程文件：第 3 章 \ 训练 3-1\ 旋转动画 .aep
在线视频：第 3 章 \ 训练 3-1 行驶的汽车 .avi

图3.58 动画流程画面

◆本例知识点

1. "位置"属性
2. "旋转"属性

工程文件：第 3 章 \ 训练 3-2\ 制作舞台拉幕动画 .aep

在线视频：第 3 章 \ 训练 3-2 舞台拉幕动画 .avi

图3.59 动画流程画面

◆本例知识点

1. "分形杂色"
2. "缩放"属性
3. "纯色"命令

训练3-2 舞台拉幕动画

◆实例分析

　　本例主要讲解以舞台图像作为背景，制作整个舞台拉幕动画效果，最终效果如图 3.59所示。

第 **4** 章

关键帧及文字动画

关键帧动画是 After Effects 中最基础的动画，它通过对位置、缩放、旋转、不透明度这 4 项设置关键帧，制作出动画效果。文字可以说是视频制作的灵魂，可以起到画龙点睛的作用，它被用在制作影视片头字幕、广告宣传广告语、影视语言字幕等方面，掌握文字工具的使用，对于影视制作也是至关重要的。本章主要讲解与关键帧相关的基础动画制作，包括关键帧的创建及查看方法，关键帧的选择、移动和删除。同时，本章还对文字及文字动画进行了讲解，首先详细讲解了文字工具的使用，并讲解了字符和段落面板的参数设置，创建基础文字和路径文字的方法，然后讲解了文字属性相关参数的使用，并通过多个文字动画实例，全面解析文字动画的制作方法和技巧。

教学目标

学习关键帧的查看及创建方法
学习关键帧的编辑和修改
掌握卷轴动画的制作
学习文字工具的使用
了解字符及段落面板
掌握路径文字的制作
掌握不同文字属性的动画应用

在 After Effects 软件中，所有的动画效果基本上都有关键帧的参与，关键帧是组成动画的基本元素，关键帧动画至少要通过两个关键帧来完成。特效的添加及改变也离不开关键帧，可以说，掌握了关键帧的应用，也就掌握了动画制作的基础和关键。

4.1.1 创建关键帧

在 After Effects 软件中，基本上每一个特效或属性都对应一个码表。要想创建关键帧，可以单击该属性左侧的码表，将其激活，这样，在时间线面板中，当前时间位置将创建一个关键帧；取消码表的激活状态，将取消该属性所有的关键帧。

下面来讲解怎样创建关键帧。

01 展开层列表。

02 单击某个属性，如"位置"左侧的码表◎按钮，将其激活，这样就创建了一个关键帧，如图4.1所示。

图4.1 创建关键帧

如果码表已经处于激活状态，即表示该属性已经创建了关键帧。可以通过 2 种方法再次创建关键帧，但不能再使用码表来创建关键帧，因为再次单击码表将取消码表的激活状态，这样就自动取消了所有关键帧。

- **方法1**：通过修改数值。当码表处于激活状态时，说明已经创建了关键帧，此时要创建其他的关键帧，可以将时间调整到需要的位置，然后修改该属性的值，即可在当前时间位置创建一个关键帧。
- **方法2**：通过添加关键帧按钮。将时间调整到需要的位置后，单击该属性左侧的"在当前时间添加或移除关键帧"◎按钮，这样，就可以在当前时间位置创建一个关键帧，如图4.2所示。

图4.2 添加或移除关键帧按钮

提示

使用方法 2 创建关键帧，可以只创建关键帧，而保持属性的参数不变；使用方法 1 创建关键帧，不但创建关键帧，还修改了该属性的参数。方法 2 创建的关键帧，有时被称为"延时帧"或"保持帧"。

4.1.2 查看关键帧

在创建关键帧后，该属性的左侧将出现关键帧导航按钮，通过关键帧导航按钮，可以快速地查看关键帧。关键帧导航效果如图4.3所示。

图4.3 关键帧导航效果

关键帧导航有多种显示方式，并分别代表不同的含义：■表示"转到上一个关键帧"，◎表示"在当前时间添加或移除关键帧"，■表示"转到下一个关键帧"。

当关键帧导航显示为◀◆▶时，表示当前关

键帧左侧有关键帧，而右侧没有关键帧；当关键帧导航显示为 ◀◆▶ 时，表示当前关键帧左侧和右侧都有关键帧；当关键帧导航显示为 ◆▶ 时，表示当前关键帧右侧有关键帧，而左侧没有关键帧。单击左侧或右侧的箭头按钮，可以快速地在前一个关键帧和后一个关键帧间进行跳转。

当"在当前时间添加或移除关键帧"为灰色效果 ◆ 时，表示当前时间位置没有关键帧，单击该按钮可以在当前时间创建一个关键帧；当"在当前时间添加或移除关键帧"为蓝色效果 ◆ 时，表示当前时间位于关键帧上，单击该按钮将删除当前时间位置的关键帧。

4.2 编辑关键帧

创建关键帧后，有时还需要对关键帧进行修改，这时就需要重新编辑关键帧。关键帧的编辑包括选择关键帧、移动关键帧、复制关键帧、粘贴关键帧和删除关键帧。

4.2.1 选择关键帧 重点

编辑关键帧的首要条件是选择关键帧，选择关键帧的操作很简单，可以通过下面4种方法来实现。

- **方法1**：单击选择。在时间线面板中，直接单击关键帧图标，关键帧将显示为蓝色，表示已经选定关键帧，如图4.4所示。

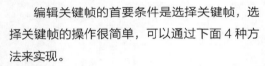

图4.4　关键帧的选择

> **提示**
>
> 在选择关键帧时，同时按住 Shift 键，可以选择多个关键帧。

- **方法2**：拖动选择。在时间线面板中，在关键帧位置空白处，按住鼠标拖动一个矩形，在矩形框以内的关键帧将被选中，如图4.5所示。

图4.5　拖动选择关键帧

- **方法3**：通过属性名称选择。在时间线面板中，单击关键帧所属属性的名称，即可选择该属性的所有关键帧，如图4.6所示。

图4.6　通过属性名称选择

- **方法4**：在"合成"窗口中选择。当创建关键帧动画后，在"合成"窗口中可以看到一条线，并在线上出现控制点，这些控制点对应属性的关键帧，只要单击这些控制点，就可以选择该点对应的关键帧。选中的控制点将以实心的方块显示，没有选中的控制点以空心的方块显示，如图4.7所示。

图4.7　在"合成"窗口中选中控制点效果

4.2.2 移动关键帧

关键帧的位置可以随意地移动,以更好地控制动画效果。可以移动单个关键帧,也可以同时移动多个关键帧,还可以将多个关键帧距离拉长或缩短。

1. 移动关键帧

选择关键帧后,按住鼠标拖动关键帧到需要的位置,这样就可以移动关键帧,移动过程如图4.8所示。

图4.8 移动关键帧

2. 拉长或缩短关键帧

选择多个关键帧后,同时按住鼠标和Alt键,向外拖动拉长关键帧距离,向里拖动缩短关键帧距离。这种距离的改变,只是改变所有关键帧的距离大小,关键帧间的相对距离是不变的。

4.2.3 删除关键帧

如果在操作时出现失误,添加了多余的关键帧,可以将不需要的关键帧删除,删除的方法有以下3种。

- **方法1:** 使用按键删除。选择不需要的关键帧,按Delete键,即可将选择的关键帧删除。
- **方法2:** 通过菜单删除。选择不需要的关键

帧,执行菜单栏中的"编辑"|"清除"命令,即可将选择的关键帧删除。

- **方法3:** 利用按钮删除。将时间调整到要删除的关键帧位置,可以看到该属性左侧的"在当前时间添加或移除关键帧" 按钮呈蓝色的激活状态,单击该按钮,即可将当前时间位置的关键帧删除。这种方法一次只能删除一个关键帧。

练习4-1 制作卷轴动画 （难点）

难　　度:★★

工程文件:第4章\练习4-1\卷轴动画.aep

在线视频:第4章\练习4-1 制作卷轴动画.avi

01 执行菜单栏中的"文件"|"打开项目"命令,选择"卷轴动画练习.aep"文件。

02 打开"卷轴动画"合成,在"项目"面板中选择"卷轴/南江1"合成,将其拖动到时间线面板中。

03 在时间线面板中,选择"卷轴/南江1"层,将时间调整到00:00:01:00帧的位置,按P键打开"位置"属性,设置"位置"的值为(379,288),单击"位置"左侧的码表 按钮,在当前位置设置关键帧。

04 将时间调整到00:00:01:15帧的位置,设置"位置"的值为(684,288),系统会自动设置关键帧,如图4.9所示。合成窗口效果如图4.10所示。

图4.9 设置位置关键帧

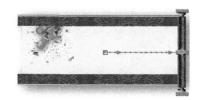

图4.10 设置位置后效果

05 在时间线面板中选择"卷轴/南江1"层，将时间调整到00:00:00:15帧的位置，按T键打开"不透明度"属性，设置"不透明度"的值为0，单击"不透明度"左侧的码表 按钮，在当前位置设置关键帧。

06 将时间调整到00:00:01:00帧的位置，设置"不透明度"的值为100，系统会自动设置关键帧。

07 在"项目"面板中选择"卷轴/南江2"合成，将其拖动到"卷轴动画"合成的时间线面板中。用以上同样的方法制作动画，如图4.11所示。合成窗口效果如图4.12所示。

08 这样就完成了卷轴动画的整体制作，按小键盘上的"0"键，即可在合成窗口中预览动画。

图4.11 设置卷轴2参数

图4.12 设置卷轴后的效果

4.3 了解文字工具

在影视作品中，不是只有图像，文字也是很重要的一项内容。尽管 After Effects 是一个视频编辑软件，但其文字处理功能也是十分强大的。

4.3.1 创建文字 重点

直接创建文字的方法有两种，可以使用菜单，也可以使用工具栏中的文字工具，创建方法如下。

- **方法1：** 使用菜单。执行菜单栏中的"图层" | "新建" | "文本"命令，此时，"合成"窗口中将出现一个光标效果，在时间线面板中，将出现一个文字层。使用合适的输入法，直接输入文字即可。
- **方法2：** 使用文字工具。单击工具栏中的"横排文字工具" 按钮或"直排文字工具" 按钮，使用横排或直排文字工具，直接在"合成"窗口中单击并输入文字。横排文字和直排文字的效果如图4.13所示。
- **方法3：** 按Ctrl + T 组合键，选择文字工具。反复按该组合键，可以在横排文字和直排文字间切换。

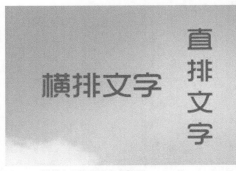

图4.13 横排文字和直排文字效果

4.3.2 字符和段落面板

"字符"和"段落"面板是进行文字修改的地方。利用"字符"面板，可以对文字的字体、字形、字号、颜色等属性进行修改；利用"段落"面板可以对文字进行对齐、缩进等修改。打开"字符"和"段落"面板的方法有以下两种。

- **方法1**：利用菜单。执行菜单栏中的"窗口"|"字符"或"段落"命令，即可打开"字符"或"段落"面板。
- **方法2**：利用工具栏。在工具栏中选择文字工具；或输入的文字处于激活状态时，在工具栏中单击"切换字符和段落面板" 按钮。字符和段落面板分别如图4.14、图4.15所示。

图4.14　字符面板　　　　　图4.15　段落面板

4.4 文字的设置

创建文字后，在时间线面板中，将出现一个文字层，展开列表，将显示出文字属性选项，如图4.16所示。在这里可以修改文字的基本属性。下面讲解基本属性的修改方法，并通过实例详述常用属性的动画制作技巧。

图4.16　文字属性选项列表

提示

在时间线面板中展开"文本"列表选项中的"更多选项"中，还有几个选项，其应用较简单，主要用来设置定位点的分组形式、组排列、填充与描边的关系、文字的混合模式，这里不再以实例讲解。下面主要用实例讲解"动画"和"路径选项"的应用。

4.4.1 动画

在"文本"列表选项右侧，有一个"动画"  按钮，单击该按钮，将弹出一个菜单。该菜单包含了文字的动画制作命令，选择某个命令后，在"文本"列表选项中将添加该命令的动画选项，通过该选项，可以制作出更加丰富的文字动画效果。动画菜单如图4.17所示。

图4.17　动画菜单

练习4-2 文字随机透明动画

难　度： ★★
工程文件：第4章\练习4-2\文字随机透明动画 .aep
在线视频：第4章\练习4-2 文字随机透明动画 .avi

01 执行菜单栏中的"合成"|"新建合成"命令，打开"合成设置"对话框，设置"合成名称"为"文字随机透明动画"，"宽度"为"720"，"高度"为"576"，"帧速率"为"25"，并设置"持续时间"为4秒，如图4.18所示。

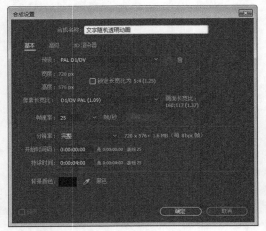

图4.18 "合成设置"对话框

02 执行菜单栏中的"图层"|"新建"|"文本"命令，输入文字"文字随机透明动画"，如图4.19所示。

图4.19 输入文字

03 单击工具栏右侧的"切换字符和段落面板"按钮，或执行"窗口"|"字符"命令，打开"字符"面板。

04 在"字符"面板中，设置文字的填充颜色为青色（R：0，G：255，B：192），大小为30像素，参数设置如图4.20所示。此时合成窗口中的文字，修改后的效果如图4.21所示。

图4.20 文字参数设置　　图4.21 修改后的效果

05 在时间线面板中，展开文字层，然后单击"文本"右侧的动画按钮，在弹出的菜单中，选择"不透明度"命令，如图4.22所示。

图4.22 选择"不透明度"命令

06 在文字层列表选项中，出现一个"动画制作工具1"的选项组，通过对该选项组进行随机透明动画的制作。首先将该选项组下的"不透明度"的值设置为0，以便制作透明动画，如图4.23所示。

图4.23 设置"不透明度"值

提示

默认情况下，利用动画菜单创建的动画组，系统会自动命名，为"动画制作工具1""动画制作工具2""动画制作工具3"……，用户也可以将它们重新命名，选择名称后按回车键激活名称，然后直接输入新名称即可。

07 将时间设置到00：00：00：00的位置。展开"动画制作工具1"选项组中的"范围选择器1"选项，单击"起始"左侧的码表按钮添加

一个关键帧，并设置"起始"的值为0，如图4.24
所示。

图4.24　00:00:00:00帧位置添加关键帧

08 在时间线面板中，按End键，将时间调整到
00:00:03:24帧位置，设置"起始"的值为100，
系统将自动在该处创建一个关键帧，如图4.25所
示。

图4.25　修改参数

09 此时，拖动时间滑块或按小键盘上的"0"
键，可以预览动画效果，其中的几帧画面效果如图
4.26所示。

图4.26　预览动画

10 从播放的动画预览中可以看到，文字只是一个
逐渐透明显示动画，而不是一个随机透明动画，下
面来修改随机效果。展开"范围选择器1"选项组
中的"高级"选项，设置"随机排序"为"开"，
打开随机化命令，如图4.27所示。

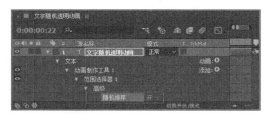

图4.27　打开随机化设置

11 这样，就完成了文字随机透明动画的制作，按
空格键或按小键盘上的"0"键，可以预览动画效
果，其中的几帧画面效果如图4.28所示。

图4.28　文字随机透明动画中的几帧动画效果

4.4.2　路径 （难点）

在"路径选项"列表中，有一个"路径"
选项，通过它可以制作一个路径文字，在"合成"
窗口中创建文字并绘制路径，然后通过"路径"
右侧的菜单，可以制作路径文字效果。

路径文字设置及显示效果如图4.29所示。

图4.29　路径文字设置及显示效果

应用路径文字后，在"路径选项"列表中
将多出5个选项，用来控制文字与路径的排列
关系，如图4.30所示。

图4.30　增加的选项

这 5 个选项的应用及说明如下。

- **"反转路径"**：该选项可以将路径上的文字进行反转，应用前后效果对比如图4.31所示。

图4.31 "反转路径"应用前后效果对比

- **"垂直于路径"**：该选项控制文字与路径的垂直关系，如果开启垂直功能，不管路径如何变化，文字始终与路径保持垂直，应用前后的效果对比如图4.32所示。

图4.32 "垂直于路径"应用前后效果对比

- **"强制对齐"**：强制将文字与路径两端对齐。如果文字过少，将出现文字分散的效果，应用前后的效果对比如图4.33所示。

图4.33 "强制对齐"应用前后效果对比

- **"首字边距"**：用来控制开始文字的位置，通过后面的参数调整，可以改变首字在路径上的位置。
- **"末字边距"**：用来控制结束文字的位置，通过后面的参数调整，可以改变终点文字在路径上的位置。

练习4-3 跳动的路径文字 重点

难　　度：★★
工程文件：第 4 章 \ 练习 4-3\ 跳动的路径文字 .aep
在线视频：第 4 章 \ 练习 4-3 跳动的路径文字 .avi

01 执行菜单栏中的"合成"|"新建合成"命令，打开"合成设置"对话框，设置"合成名称"为"跳动的路径文字"，"宽度"为"720"，"高度"为"576"，"帧速率"为"25"，并设置"持续时间"为00:00:10:00。

02 执行菜单栏中的"图层"|"新建"|"纯色"命令，打开"纯色设置"对话框，设置"名称"为"路径文字"，"颜色"为黑色。

03 选中"路径文字"层，在工具栏中选择"钢笔工具" ，在"路径文字"层上绘制一个路径，如图4.34所示。

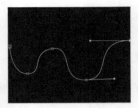

图4.34 绘制路径

04 为"路径文字"层添加"路径文本"特效。在"效果和预设"面板中展开"过时"特效组，然后双击"路径文本"特效，在"路径文本"对话框中输入"Superstar"。

05 在"效果控件"面板中，修改"路径文本"特效的参数，从"自定义路径"下拉菜单中选择"蒙版1"选项；展开"填充和描边"选项组，设置"填充颜色"为浅蓝色（R：0；G：255；B：246）；将时间调整到00:00:00:00帧的位置，设置"大小"的值为30，"左边距"的值为0，单击"大小"和"左边距"左侧的码表 按钮，在当前位置设置关键帧，如图4.35所示，合成窗口效果如图4.36所示。

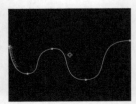

图4.35 设置关键帧　　　　图4.36 设置后的效果

06 将时间调整到00:00:02:00帧的位置，设置"大小"的值为80，系统会自动设置关键帧，合成窗口效果如图4.37所示。

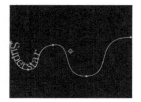

图4.37　设置"大小"后的效果

07 将时间调整到00:00:06:15帧的位置，设置"左边距"的值为890，如图4.38所示，合成窗口效果如图4.39所示。

图4.38　设置"左边距"　　图4.39　设置后的效果

08 展开"高级"|"抖动设置"选项组，将时间调整到00:00:00:00帧的位置，设置"基线抖动最大值""字偶间距抖动最大值""旋转抖动最大值"及"缩放抖动最大值"的值为0，单击"基线抖动最大值""字偶间距抖动最大值""旋转抖动最大值"及"缩放抖动最大值"左侧的码表 按钮，在当前位置设置关键帧，如图4.40所示。

图4.40　设置0秒关键帧

09 将时间调整到00:00:03:15帧的位置，设置"基线抖动最大值"的值为122，"字偶间距抖动最大值"的值为164，"旋转抖动最大值"的值为132，"缩放抖动最大值"的值为150，如图4.41所示。

图4.41　设置3秒15帧关键帧

10 将时间调整到00:00:06:00帧的位置，设置"基线抖动最大值""字偶间距抖动最大值""旋转抖动最大值"及"缩放抖动最大值"的值为0，系统会自动设置关键帧，如图4.42所示，合成窗口效果如图4.43所示。

图4.42　设置6秒关键帧

图4.43　设置路径文字特效后的效果

11 为"路径文字"层添加"残影"特效。在"效果和预设"面板中展开"时间"特效组，然后双击"残影"特效。

12 在"效果控件"面板中，修改"残影"特效的参数，设置"残影数量"的值为12，"衰减"的值为0.7，如图4.44所示，合成窗口效果如图4.45所示。

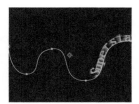

图4.44　设置残影参数　　图4.45　设置残影后的效果

13 为"路径文字"层添加"投影"特效。在"效果和预设"面板中展开"透视"特效组，然后双击"投影"特效。

14 在"效果控件"面板中，修改"投影"特效的参数，设置"柔和度"的值为15，如图4.46所示，合成窗口效果如图4.47所示。

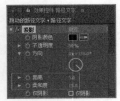

图4.46 设置参数　　　　图4.47 设置后的效果

15 为"路径文字"层添加"彩色浮雕"特效。在"效果和预置"面板中展开"风格化"特效组，然后双击"彩色浮雕"特效。

16 在"效果控件"面板中，修改"彩色浮雕"特效的参数，设置"起伏"的值为1.5，"对比度"的值为169，如图4.48所示，合成窗口效果如图4.49所示。

图4.48 设置参数　　　　图4.49 设置后的效果

17 执行菜单栏中的"图层"|"新建"|"纯色"命令，打开"纯色设置"对话框，设置"名称"为"背景"，"颜色"为黑色。

18 为"背景"层添加"梯度渐变"特效。在"效果和预设"面板中展开"生成"特效组，然后双击"梯度渐变"特效。

19 在"效果控件"面板中，修改"梯度渐变"特效的参数，设置"起始颜色"为深蓝色（R：6；G：28；B：62），"渐变终点"的值为（380，400），"结束颜色"的值为淡蓝色（R：0；G：56；B：87），如图4.50所示，合成窗口效果如图4.51所示。

图4.50 设置渐变参数　　　　图4.51 设置后的效果

20 在时间线面板中将"背景"层拖动到"路径文字"层下面。这样就完成了"跳动的路径文字"整体制作，按小键盘上的"0"键，即可在合成窗口中预览动画。

练习4-4 变色字 重点

难　度：★★
工程文件：第 4 章 \ 练习 4-4 \ 变色字 .aep
在线视频：第 4 章 \ 练习 4-4 变色字 .avi

01 执行菜单栏中的"文件"|"打开项目"命令，选择"变色字练习.aep"文件。

02 执行菜单栏中的"图层"|"新建"|"文本"命令，输入"FASHION"，在"字符"面板中，设置文字字体为Leelawadee，字号为70像素，字体颜色为黄色（R：252，G：226，B：60）。

03 将时间调整到00:00:00:00帧的位置，展开"FASHION"层，单击"文本"右侧的三角形动画：按钮，从菜单中选择"填充颜色"|"色相"命令，设置"填充色相"的值为0，单击"填充色相"左侧的码表按钮，在当前位置设置关键帧。

04 将时间调整到00:00:02:24帧的位置，设置"填充色相"的值为2x+65，系统会自动设置关键帧，如图4.52所示，合成窗口效果如图4.53所示。

图4.52 设置填充色相参数

图4.53 设置填充色相后的效果

05 这样就完成了"变色字"的整体制作，按小键盘上的"0"键，即可在合成窗口中预览动画。

难　度：★★
工程文件：第 4 章 \ 练习 4-5\ 机打字效果 .aep
在线视频：第 4 章 \ 练习 4-5 机打字效果 .avi

01 执行菜单栏中的"文件"|"打开项目"命令，选择"机打字练习.aep"文件。

02 选择工具栏中的"直排文字工具" ，输入文字。在"字符"面板中，设置文字字体为隶书，字号为30像素，字体颜色为黑色，参数如图4.54所示，合成窗口效果如图4.55所示。

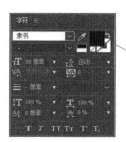

图4.54 设置字体

图4.55 设置后的效果

03 将时间调整到00:00:00:00帧的位置，展开文字层，单击"文本"右侧的三角形 动画: 按钮，从菜单中选择"字符位移"命令，设置"字符位移"的值为20，单击"动画制作工具 1"右侧的三角形 添加: 按钮，从菜单中选择"属性"|"不透明度"选项，设置"不透明度"的值为0。设置"起始"的值为0，单击"起始"左侧的码表 按钮，在当前位置设置关键帧，合成窗口效果如图4.56所示。

图4.56 设置0帧关键帧后效果

04 将时间调整到00:00:02:00帧的位置，设置"起始"的值为100，系统会自动设置关键帧，如图4.57所示。

图4.57 设置文字参数

05 这样就完成了机打字动画效果的整体制作，按小键盘上的"0"键，即可在合成窗口中预览动画。

4.5 知识总结

　　本章首先详细讲解了关键帧的创建及编辑、文字工具的使用、字符和段落面板的参数设置及基础文字和路径文字的创建方法，然后讲解了文字属性相关参数的应用，最后通过多个文字动画实例，全面解析文字动画的制作方法和技巧。

4.6 拓展训练

本章通过 3 个拓展练习，包括聚散文字、卡片翻转文字和清新文字动画的制作，以提高读者各种特效文字动画的制作水平。

训练4-1 聚散文字

◆实例分析

本例主要讲解利用"文本动画"属性制作聚散文字效果，完成后的动画流程画面如图 4.58 所示。

难　度：★★★★
工程文件：第 4 章 \ 训练 4-1\ 聚散文字 .aep
在线视频：第 4 章 \ 训练 4-1 聚散文字 .avi

图4.58　动画流程画面

◆本例知识点

1．"文本"命令
2．"钢笔工具"
3．"首字边距"属性

训练4-2 卡片翻转文字

◆实例分析

本例主要讲解利用"缩放"文本属性制作卡片翻转文字效果，完成后的动画流程画面如图 4.59 所示。

难　度：★★★★
工程文件：第 4 章 \ 训练 4-2\ 卡片翻转文字 .aep
在线视频：第 4 章 \ 训练 4-2 卡片翻转文字 .avi

图4.59　动画流程画面

◆本例知识点

1．"启用逐字 3D 化"属性
2．"缩放"属性
3．"旋转"属性
4．"模糊"属性

训练4-3 清新文字

◆实例分析

本例主要讲解利用文字的"不透明度"属性制作清新文字效果，完成后的动画流程画面如图 4.60 所示。

难　度：★★★★
工程文件：第 4 章 \ 训练 4-3\ 清新文字 .aep
在线视频：第 4 章 \ 训练 4-3 清新文字 .avi

图4.60　动画流程画面

◆本例知识点

1．"梯度渐变"
2．"投影"
3．"不透明度"和"模糊"属性

第 **5** 章

蒙版与遮罩

本章主要讲解蒙版与遮罩的概念及蒙版与遮罩的
操作。首先讲解了蒙版的原理，还讲解了蒙版的
应用，包括矩形、椭圆形和自由形状蒙版的创建，
蒙版形状的修改，节点的选择、调整、转换操作，
蒙版属性的设置及修改，蒙版动画的制作技巧等。

教学目标

了解蒙版的原理

学习各种形状蒙版的创建方法

学习蒙版形状的修改及节点的转换调整

掌握蒙版属性的设置

掌握蒙版动画的制作技巧

5.1 蒙版的原理

蒙版就是通过蒙版层中的图形或轮廓对象，透出下面图层中的内容。简单地说，蒙版层就像一张纸，而蒙版图像就像是在这张纸上挖出的一个洞，通过这个洞来观察外界的事物。如一个人拿着一个望远镜向远处眺望，而望远镜在这里就可以当作蒙版层，看到的事物就是蒙版层下方的图像。蒙版原理图如图5.1所示。

图5.1 蒙版原理图

一般来说，蒙版需要有两个层，而在 After Effects 软件中，蒙版可以在一个图像层上绘制轮廓以制作蒙版，看上去像是一个层，但读者可以将其理解为两个层：一个是轮廓层，即蒙版层；另一个是被蒙版层，即蒙版下面的层。蒙版层的轮廓形状决定看到的图像形状，而被蒙版层决定看到的内容。

蒙版动画可以理解为一个人拿着望远镜眺望远方，在眺望时不停地移动望远镜，看到的内容就会有不同的变化，这样就形成了蒙版动画；当然，也可以理解为，望远镜静止不动，而画面在移动，即被蒙版层不停运动，由此产生蒙版动画效果。

5.2 创建蒙版

蒙版主要用来制作背景的镂空透明和图像间的平滑过渡等。蒙版有多种形状，在 After Effects 软件自带的工具栏中，可以利用相关的蒙版工具来创建，如矩形、圆形和自由形状蒙版工具。

利用 After Effects 软件自带的工具创建蒙版，首先要具备一个层，可以是纯色层，也可以是素材层或其他层，在相关的层中创建蒙版。一般来说，在纯色层上创建蒙版的情况较多，纯色层本身就是很好的辅助层。

练习5-1 利用"矩形工具"创建矩形蒙版 重点

难　　度：★
工程文件：无
在线视频：第 5 章 \ 练习 5-1 利用"矩形工具"创建矩形蒙版 .avi

矩形蒙版的创建很简单，在 After Effects 软件中自带有矩形蒙版的创建工具，其创建方法如下。

01 单击工具栏中的"矩形工具"■按钮，选择"矩形工具"■。

02 在"合成"窗口中，按住鼠标拖动即可绘制一个矩形蒙版区域，如图5.2所示。在矩形蒙版区域中，将显示当前层的图像，矩形以外的部分变得透明。

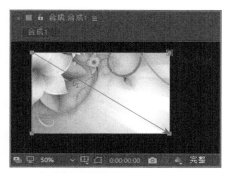

图5.2 矩形蒙版的绘制过程

提示

选择创建蒙版的层，然后双击工具栏中的"矩形工具"█按钮，可以快速创建一个与层素材大小相同的矩形蒙版。在绘制矩形蒙版时，如果按住Shift键，可以创建一个正方形蒙版。

练习5-2 利用形状层制作生长动画

(难点)

难　度：	★★
工程文件：第5章\练习5-2\生长动画.aep	
在线视频：第5章\练习5-2利用形状层制作生长动画.avi	

01 执行菜单栏中的"合成"|"新建合成"命令，打开"合成设置"对话框，设置"合成名称"为"生长动画"，"宽度"为"720"，"高度"为"576"，"帧速率"为"25"，并设置"持续时间"为00:00:05:00。

02 在工具栏中选择"椭圆工具"█，在合成窗口中绘制一个椭圆形路径，如图5.3所示。

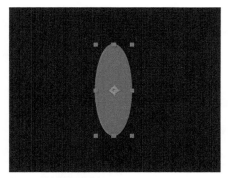

图5.3 绘制椭圆形路径

03 选中"形状图层1"层，设置"锚点"的值为（-57，-10），"位置"的值为（288，304），"旋转"的值为90，如图5.4所示。合成窗口效果如图5.5所示。

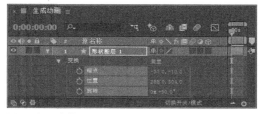

图5.4 设置参数

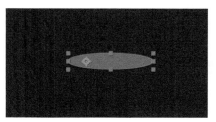

图5.5 设置参数后的效果

04 在时间线面板中，展开形状图层1|"内容"|"椭圆1"|"椭圆路径1"选项组，单击"大小"左侧的"约束比例"按钮█，取消约束，设置"大小"的值为（60，300），如图5.6所示。

图5.6 设置椭圆路径参数

05 展开"变换：椭圆1"选项组，设置"位置"的值为（-58，-96），如图5.7所示。

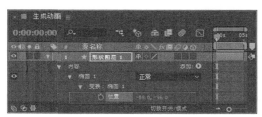

图5.7 设置"变换：椭圆1"参数

06 单击"内容"右侧的"添加" 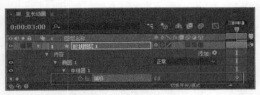 按钮，从弹出的菜单中选择"中继器"命令，然后展开"中继器 1"选项组，设置"副本"的值为150，从"合成"下拉菜单中选择"之上"选项；将时间调整到00:00:00:00帧的位置，设置"偏移"的值为150，单击"偏移"左侧的码表 按钮，在当前位置设置偏移关键帧。

07 将时间调整到00:00:03:00帧的位置，设置"偏移"的值为0，系统会自动设置偏移关键帧，如图5.8所示。

图5.8　设置偏移关键帧

08 展开"变换：中继器 1"选项组，设置"位置"的值为（2，0），"比例"的值为（-98，-98），"旋转"的值为10，"起始点不透明度"的值为20，如图5.9所示。合成窗口效果如图5.10所示。

图5.9　设置"变换：中继器 1"选项组

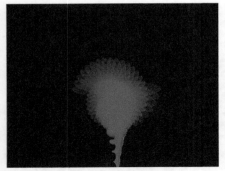

图5.10　设置形状层参数后效果

09 选中"形状图层 1"层，单击工具栏中的"填充"文字，打开"填充选项"对话框，单击"径向渐变" 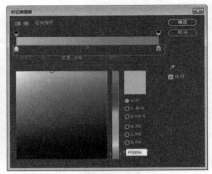 按钮。然后单击"填充颜色" 色块，打开"渐变编辑器"对话框，设置从浅红色（R：255，G：190，B：154）到红色（R：248，G：24，B：0）的渐变，单击"确定"按钮，如图5.11所示。

图5.11　"渐变编辑器"对话框

10 选中"形状图层 1"层，按Ctrl+D组合键复制出另外两个新的"形状图层"层，修改复制生成的图层"锚点""位置""缩放"和"旋转"的参数，如图5.12所示。并修改不同的渐变填充，合成窗口效果如图5.13所示。

图5.12　设置参数

图5.13　设置参数后效果

11 这样就完成了利用形状层制作生长动画的整体制作，按小键盘上的"0"键，即可在合成窗口中预览动画。

练习5-3 利用"椭圆工具"创建椭圆形蒙版 重点

难　　度：★
工程文件：无
在线视频：第 5 章\练习 5-3 利用"椭圆工具"创建椭圆形蒙版 .avi

椭圆形蒙版的创建方法与矩形蒙版的创建方法基本一致，其具体操作如下。

01 单击工具栏中的"椭圆工具" ■按钮，选择"椭圆工具" ■。

02 在"合成"窗口中，按住鼠标拖动即可绘制一个椭圆形蒙版区域，如图5.14所示。在该区域中，将显示当前层的图像，椭圆以外的部分将变得透明。

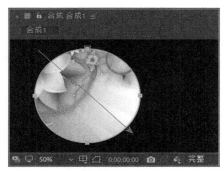

图5.14　椭圆蒙版的绘制过程

提示

选择创建蒙版的层，然后双击工具栏中的"椭圆工具" ■按钮，可以快速创建一个与层素材大小相同的椭圆形蒙版，而椭圆形蒙版正好是该矩形的内切圆。在绘制椭圆形蒙版时，如果按住Shift键，可以创建一个圆形蒙版。

练习5-4 利用"钢笔工具"创建自由蒙版 重点

难　　度：★ ★
工程文件：无
在线视频：第 5 章\练习 5-4 利用"钢笔工具"创建自由蒙版 .avi

要想随意创建多边形蒙版，就要用到"钢笔工具" ，它不但可以创建封闭的蒙版，还可以创建开放的蒙版。利用钢笔工具的好处在于，它的灵活性更高，可以绘制直线，也可以绘制曲线；可以绘制直角多边形，也可以绘制弯曲的任意形状。

使用"钢笔工具" 创建自由蒙版的过程如下。

01 单击工具栏中的"钢笔工具" 按钮，选择"钢笔工具" 。

02 在"合成"窗口中，单击创建第1点，然后直接单击可以创建第2点，如果连续单击下去，可以创建一个直线的蒙版轮廓。

03 如果按住鼠标并拖动，则可以绘制一个曲线点，以创建曲线，多次创建后，可以创建一个弯曲的曲线轮廓。当然，直线和曲线是可以混合应用的。

04 如果想绘制开放的蒙版，可以在绘制到需要的程度后，按Ctrl键的同时在合成窗口中单击，即可结束绘制。如果要绘制一个封闭的轮廓，则可以将光标移到开始点的位置，当光标变成 状时，单击即可将路径封闭。图5.15所示为多次单击创建的自由蒙版效果。

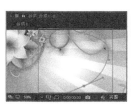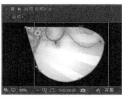

图5.15　钢笔工具绘制自由蒙版的过程

5.3 蒙版形状的修改

创建蒙版也许不能一步到位，有时还需要对现有的蒙版进行修改，以更适合图像轮廓要求。下面就来详细讲解蒙版形状的修改方法。

5.3.1 节点的选择 重点

不管用哪种工具创建蒙版形状，都可以从创建的形状上发现小的矩形控制点，这些矩形控制点就是节点。

选择的节点与没有选择的节点是不同的，选择的节点小方块将呈现实心矩形，而没有选择的节点呈镂空的矩形效果。

选择节点有多种方法，具体如下。

- **方法1**：单击选择。使用"选取工具" ，在节点位置单击，即可选择一个节点。如果想选择多个节点，可以按住Shift键的同时，分别单击要选择的节点即可。
- **方法2**：使用拖动框。在合成窗口中，按住鼠标拖动，将出现一个矩形选框，被矩形选框框住的节点将被选择。图5.16所示为框选前后的效果。

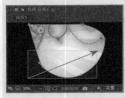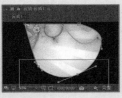

图5.16 框选操作过程及选中效果

> **提示**
>
> 如果有多个独立的蒙版形状，按Alt键单击其中一个蒙版的节点，可以快速选择该蒙版形状。

5.3.2 节点的移动

移动节点，其实就是修改蒙版的形状，通过选择不同的点并移动，可以将矩形修改成不规则矩形。

移动节点的操作方法如下。

01 选择一个或多个需要移动的节点。

02 使用"选取工具" 拖动节点到其他位置，操作过程如图5.17所示。

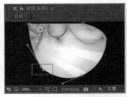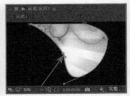

图5.17 移动节点的操作过程

5.3.3 添加/删除节点

绘制好的形状，还可以通过后期的添加节点或删除节点操作来改变形状的结构。使用"添加'顶点'工具" 在现有的路径上单击，可以添加一个节点，通过添加该节点，可以改变现有轮廓的形状；使用"删除'顶点'工具" ，在现有的节点上单击，即可将该节点删除。

添加节点和删除节点的操作方法如下。

01 添加节点。在工具栏中，单击"添加'顶点'工具" 按钮，将光标移动到路径上需要添加节点的位置，单击即可添加一个节点，多次在不同的位置单击，可以添加多个节点，如图5.18所示。

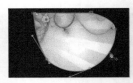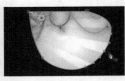

图5.18 添加节点的操作过程及添加后的效果

02 删除节点。单击工具栏中的"删除顶点工具" 按钮，将光标移动到要删除的节点位置，单击鼠标，即可将该节点删除，删除节点的操作过程及删除后的效果如图5.19所示。

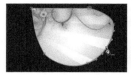

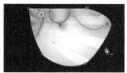

图5.19　删除节点的操作过程及删除后的效果

技巧

选择节点后，按 Delete 键，也可以删除节点。

5.3.4 节点的转换 重点

在 After Effects 软件中，节点可以分为两种，具体如下。

- 角点：点的两侧都是直线，没有弯曲角度。
- 曲线点：点的两侧有两个控制柄，可以控制曲线的弯曲程度。

图 5.20 所示为两种节点的不同显示状态。

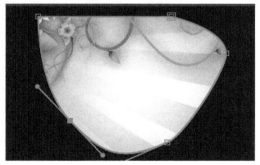

图5.20　节点的显示状态

通过工具栏中的“转换顶点工具”，可以将角点和曲线点进行快速转换，转换的操作方法如下。

01 角点转换成曲线点。使用工具栏中的“转换‘顶点’工具”，选择角点并拖动，即可将角点转换成曲线点，操作过程如图5.21所示。

图5.21　角点转换成曲线点的操作过程

02 曲线点转换成角点。使用工具栏中的“转换顶点工具”，在曲线点单击，即可将曲线点转换成角点，操作过程如图5.22所示。

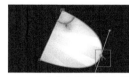

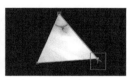

图5.22　曲线点转换成角点的操作过程

提示

当转换成曲线点后，通过使用“选取工具”，可以手动调节曲线点两侧的控制柄，以修改蒙版的形状。

5.4 蒙版属性的修改

蒙版属性主要包括蒙版的混合模式、锁定、羽化、不透明度及蒙版的扩展和收缩等，下面来详细讲解这些属性的应用。

5.4.1 蒙版的混合模式

绘制蒙版形状后，在时间线面板中展开该层列表选项，将看到多出一个“蒙版”属性，展开该属性，可以看到蒙版的相关参数设置选项，如图 5.23 所示。

图5.23　蒙版层列表

其中，在蒙版 1 右侧的下拉菜单中，显示了蒙版混合模式选项，如图 5.24 所示。

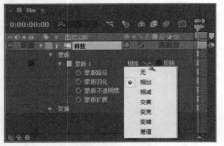

图5.24　混合模式选项

1. "无"

选择此模式，路径不起蒙版作用，只作为路径存在，制作动画效果时可以将路径作为辅助工具来使用，如制作路径描边动画等。

2. "相加"

默认情况下，蒙版使用的是"相加"命令，如果绘制的蒙版中，有两个或两个以上的图形，可以清楚地看到两个蒙版以添加的形式显示的效果，如图 5.25 所示。

3. "相减"

如果选择"相减"选项，蒙版的显示将变成镂空的效果，这与勾选蒙版 1 右侧的"反转"复选框相同，如图 5.26 所示。

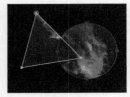　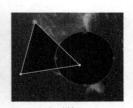

图5.25　相加效果　　　　图5.26　相减效果

4. "交集"

如果两个蒙版都选择"交集"选项，则两个蒙版将产生交叉显示的效果，如图 5.27 所示。

5. "变亮"

"变亮"对于可视区域来说，与"相加"模式相同，但对于蒙版重叠处，则采用透明度较高的那个值。

6. "变暗"

"变暗"对于可视区域来说，与"相交"模式相同，但对于蒙版重叠处，则采用透明度值较低的那个。

7. "差值"

如果两个蒙版都选择"差值"选项，则两个蒙版将产生交叉镂空的效果，如图 5.28 所示。

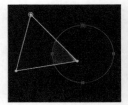　

图5.27　相交效果　　　　图5.28　差值效果

5.4.2　修改蒙版的大小

在时间线面板中，展开蒙版列表选项，单击"蒙版路径"右侧的"形状…"文字链接，将打开"蒙版形状"对话框，如图 5.29 所示。在"定界框"选项组中，通过修改"顶部""左侧""右侧""底部"选项的参数，可以修改当前蒙版的大小，而通过"单位"右侧的下拉菜单，可以为修改值设置一个合适的单位。

通过"形状"选项组，可以修改当前蒙版的形状，可以将其他形状快速改成矩形或椭圆形。选择"矩形"复选框，可将该蒙版形状修改成矩形；选择"椭圆"复选框，可将该蒙版形状修改成椭圆形。

图5.29 "蒙版形状"对话框

5.4.3 蒙版的锁定

为了避免操作中出现失误，可以将蒙版锁定，锁定后的蒙版将不能被修改，锁定蒙版的操作方法如下。

01 在时间线面板中，将蒙版属性列表选项展开。

02 单击锁定的蒙版层左面的█图标，该图标将变成带有一把锁的效果🔒，表示该蒙版被锁定 ，如图5.30所示。

图5.30 锁定蒙版效果

练习5-5 利用轨道遮罩制作扫光文字效果 🔴重点

难　　度：	★★
工程文件：第5章\练习5-5\扫光文字效果 .aep	
在线视频：第5章\练习5-5利用轨道遮罩制作扫光文字效果 .avi	

01 执行菜单栏中的 "文件" | "打开项目" 命令，选择 "扫光文字效果练习 .aep" 文件。

02 执行菜单栏中的 "图层" | "新建" | "文本" 命令，输入 "Brave warrior"，在 "字符" 面板中，设置文字字号为70像素，字体为 "Century Gothic"，颜色为红色（R：255；G：0；B：0；），如图5.31所示。设置后的效果如图5.32所示。

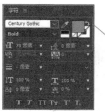

图5.31 设置字体　　　　图5.32 设置字体后的效果

03 执行菜单栏中的 "图层" | "新建" | "纯色" 命令，打开 "纯色设置" 对话框，设置 "名称" 为 "光"，"颜色" 为白色。

04 选中 "光" 层，在工具栏中选择 "钢笔工具" 🖊️，绘制一个长方形路径，按F键打开 "蒙版羽化" 属性，设置 "蒙版羽化" 的值为（16，16），如图5.33所示。

图5.33 设置蒙版形状

05 选中 "光" 层，将时间调整到00:00:00:00帧的位置，按P键打开 "位置" 属性，设置 "位置" 的值为（304，254），单击 "位置" 左侧的码表🕐按钮，在当前位置设置关键帧。

06 将时间调整到00:00:01:15帧的位置，设置 "位置" 的值为（900，332），系统会自动设置关键帧，如图5.34所示。

图5.34 设置位置关键帧

07 在时间线面板中，将 "光" 层拖动到文字层下面，设置 "光" 层的 "轨道遮罩" 为 "Alpha 遮罩'ANIGHTMARE ON ELM STREET'"，如图5.35所示。合成窗口效果如图5.36所示。

图5.35　设置蒙版

图5.36　设置蒙版后的效果

08 选中文字层，按Ctrl+D组合键复制出另一个新的文字层并拖动到"光"层下面，如图5.37所示。合成窗口效果如图5.38所示。

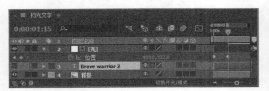

图5.37　拖动文字层

图5.38　扫光效果

09 这样就完成了利用轨道遮罩制作扫光文字效果的整体制作，按小键盘上的"0"键，即可在合成窗口中预览动画。

练习5-6 利用"矩形工具"制作文字倒影 **重点**

难　　度：★★

工程文件：第5章\练习5-6\文字倒影.aep

在线视频：第5章\练习5-6利用"矩形工具"制作文字倒影.avi

01 执行菜单栏中的"文件"|"打开项目"命令，选择"文字倒影练习.aep"文件，将文件打开。

02 执行菜单栏中的"图层"|"新建"|"文本"命令，输入"Calm lake"，在"字符"面板中，设置文字字体为Century Gothic，字号为60像素，字体颜色为白色。

03 为"Calm lake"层添加"投影"特效。在"效果和预设"面板中展开"透视"特效组，然后双击"投影"特效。

04 在"效果控件"面板中，修改"投影"特效的参数，设置"距离"的值为1，如图5.39所示。

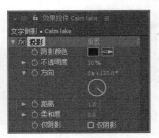

图5.39　设置投影参数

05 选中"Calm lake"层，按Ctrl + D键将文字层复制一份，选择该层，在"效果控件"面板中，将"投影"特效删除。然后在时间线面板中，单击"缩放"左侧的"约束比例"按钮，取消约束，设置"缩放"的值为（129，-108），合成窗口效果如图5.40所示。

图5.40　设置缩放参数后的效果

06 选中"Calm lake 2"层，在工具栏中选择"矩形工具"■，在文字层上绘制一个矩形路径，如图5.41所示。选中"蒙版 1"右侧"反转"复选框，按F键打开"蒙版羽化"属性，设置"蒙版羽化"的值为（40，40），如图5.42所示。

图5.41 绘制矩形

图5.42 设置蒙版羽化

07 选中"Calm lake 2"和"Calm lake"层，将时间调整到00:00:01:00帧的位置，按T键打开"不透明度"属性，设置"不透明度"的值为0，单击"不透明度"左侧的码表◎按钮，在当前位置设置关键帧。

08 将时间调整到00:00:02:15帧的位置，设置"不透明度"的值为100，系统会自动设置关键帧，如图5.43所示。

图5.43 设置"不透明度"关键帧

09 这样就完成了利用矩形工具制作文字倒影的整体制作，按小键盘上的"0"键，即可在合成窗口中预览动画。

5.5 知识总结

本章主要讲解蒙版的应用。蒙版是 After Effects 软件中非常重要的组成部分，了解蒙版动画的原理，为以后更好地制作蒙版动画铺路。

5.6 拓展训练

本章通过 2 个课后习题，在巩固知识的同时，掌握蒙版动画的制作技能，以提高动画的制作效率并达到预期的动画效果。

训练5-1 制作轨道遮罩炫酷扫光文字

◆实例分析

本例主要讲解制作炫酷扫光文字，本例中的扫光为一种过渡光，整体效果十分自然、炫酷，最终效果如图 5.44 所示。

难　　度：★★
工程文件：第 5 章 \ 训练 5-1\ 炫酷扫光文字 .aep
在线视频：第 5 章 \ 训练 5-1 制作轨道遮罩炫酷扫光文字 .avi

图5.44 动画流程画面

图5.44　动画流程画面（续）

◆本例知识点

1．"文本"命令
2．"梯度渐变"
3．"蒙版羽化"属性
4．"轨道遮罩"

训练5-2 利用蒙版扩展制作电视屏幕
　　　　效果

◆实例分析

　　本例主要讲解电视屏幕效果动画的制作，通过蒙版扩展属性的设置，完成该动画的制作，最终效果如图 5.45 所示。

难　　度：★★
工程文件：第 5 章 \ 训练 5-2\ 电视屏幕 .aep
在线视频：第 5 章 \ 训练 5-2 利用蒙版扩展制作电视屏幕效果 .avi

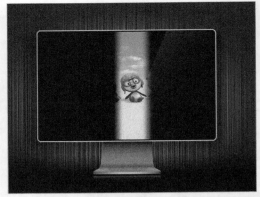

图5.45　动画流程画面

◆本例知识点

1．"矩形工具" ▇
2．"蒙版羽化"属性
3．"蒙版扩展"属性

第 3 篇

精通篇

第 6 章

抠像及模拟特效

本章详细讲解抠像及模拟特效。抠像是合成图像中不可缺少的部分，它可以通过前期的拍摄和后期的处理，使影片的合成更加真实。模拟特效中提供了众多的仿真特效，主要用于模拟现实世界中的自然现象，如下雨、下雪、泡沫、爆炸等效果，本章将详细讲解这些特效的使用方法与技巧。

教学目标

学习各种抠像的含义及使用方法

掌握抠像的技巧

掌握不同背景颜色的抠图命令使用

学习各种模拟特效的含义和使用方法

掌握模拟类特效的动画制作技巧

6.1 抠像

抠像本身包含在 After Effects 的"效果和预设"面板中，在实际的视频制作中，应用非常广泛，也相当重要。

抠像和蒙版在应用上很相似，主要用于素材的透明控制，当蒙版和 Alpha 通道控制不能满足需要时，就需要应用到抠像。

6.1.1 CC Simple Wire Removal（CC擦钢丝）（重点）

该特效是利用一根线将图像分割，在线的部位产生模糊效果。该特效的参数设置及前后效果如图 6.1 所示。

图6.1　应用CC擦钢丝特效的参数设置及前后效果

6.1.2 Keylight 1.2（抠像 1.2）（重点）

该特效可以通过指定的颜色来对图像进行抠除，根据内外遮罩进行图像差异比较。该特效的参数设置及应用前后效果如图 6.2 所示。

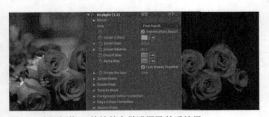

图6.2　应用抠像1.2特效的参数设置及前后效果

练习6-1 利用"抠像1.2"制作水墨动画（重点）

难　度：★★

工程文件：第6章\练习6-1\水墨动画.aep

在线视频：第6章\练习6-1利用"抠像1.2"制作水墨动画.avi

01 执行菜单栏中的"文件"|"打开项目"命令，选择"水墨动画练习.aep"文件，将文件打开。

02 为"动态素材.mov"层添加Keylight 1.2（抠像1.2）特效。在"效果和预设"面板中展开"抠像"特效组，然后双击Keylight 1.2（抠像1.2）特效。

03 在"效果控件"面板中，修改特效的参数，设置Screen Colour（屏幕颜色）为蓝色（R: 6；G: 0；B: 255），如图6.3所示。合成窗口效果如图6.4所示。

图6.3　设置参数　　　　　图6.4　设置后效果

04 执行菜单栏中的"图层"|"新建"|"文本"命令，输入"庐山恋"，字号为30像素，字体颜色为灰色（R: 50；G: 50；B: 50）。

05 将时间调整到00:00:00:17帧的位置，展开"庐山恋"层，单击"文本"右侧的"动画" ● 按钮，从菜单中选择"不透明度"命令，设置"不透明度"的值为0。展开"文本"|"动画制作工具1"|"范围选择器 1"选项组，设置"起始"的值

为0，单击"起始"左侧的码表 ◎按钮，在当前位置设置关键帧。

06 将时间调整到00:00:02:03帧的位置，设置"起始"的值为100，系统会自动设置关键帧，如图6.5所示。

图6.5 设置关键帧

07 这样就完成了庐山恋水墨动画的整体制作，按小键盘上的"0"键，即可在合成窗口中预览动画。完成后的动画流程画面如图6.6所示。

图6.6 动画流程画面

6.1.3 内部/外部键

该特效可以通过指定的遮罩来定义内边缘和外边缘，根据内外遮罩进行图像差异比较，得出透明效果。该特效的参数设置及应用前后效果如图 6.7 所示。

图6.7 应用内部/外部键特效的参数设置及前后效果

6.1.4 差值遮罩

该特效通过指定的差异层与特效层进行颜色对比，将相同颜色区域抠出，制作出透明的效果。特别适合在相同背景下，将其中一个移动物体的背景制作成透明效果。该特效的参数设置及应用前后效果如图 6.8 所示。

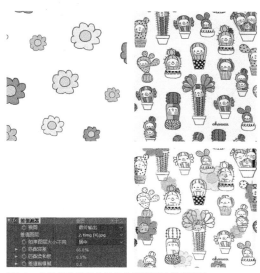

图6.8 应用差值遮罩特效的参数设置及前后效果

6.1.5 提取

该特效可以通过抽取通道对应的颜色，来制作透明效果。该特效的参数设置及应用前后效果如图 6.9 所示。

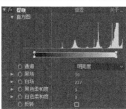

图6.9 应用提取特效的参数设置及前后效果

6.1.6 线性颜色键

该特效可以根据 RGB 彩色信息或"色相"及"饱和度"信息，与指定的主色进行比较，产生透明区域。该特效的参数设置及应用前后效果如图 6.10 所示。

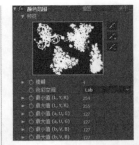

图6.11 应用颜色范围特效的参数设置及前后效果（续）

6.1.8 颜色差值键

该特效具有相当强大的抠像功能，通过颜色的吸取和加选、减选的应用，将需要的图像内容抠出。该特效的参数设置及应用前后效果如图 6.12 所示。

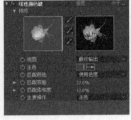

图6.10 应用线性颜色键特效的参数设置及前后效果

6.1.7 颜色范围

该特效可以应用的色彩空间包括 Lab、YUV 和 RGB，被指定的颜色范围将产生透明。该特效的参数设置及应用前后效果如图 6.11 所示。

图6.11 应用颜色范围特效的参数设置及前后效果

图6.12 应用颜色差值键特效的参数设置及前后效果

6.2 模拟

模拟特效组包含了多种特效，主要用来表现碎裂、液态、粒子、星爆、散射和气泡等仿真效果。

6.2.1 焦散

该特效可以模拟水中反射和折射的自然现象。该特效的参数设置及应用前后效果如图6.13所示。

图6.13 应用焦散特效的参数设置及前后效果

6.2.2 卡片动画

该特效是一个根据指定层的特征分割画面的三维特效，在该特效的 X、Y、Z 轴上调整图像的"位置""旋转""缩放"等参数，可以使画面产生卡片动画的效果。该特效的参数设置及应用前后效果如图 6.14 所示。

图6.14 应用卡片动画特效的参数设置及前后效果

练习6-2 利用"卡片动画"制作梦幻汇集效果 **重点**

难　　度：★★

工程文件：第 6 章 \ 练习 6-2\ 梦幻汇集效果 .aep

在线视频：第 6 章 \ 练习 6-2 利用"卡片动画"制作梦幻汇集效果 .avi

01 执行菜单栏中的"文件"|"打开项目"命令，选择"梦幻汇集练习.aep"文件，将文件打开。

02 为"背景"层添加"卡片动画"特效。在"效果和预设"面板中展开"模拟"特效组，然后双击"卡片动画"特效。

03 在"效果控件"面板中，修改"卡片动画"特效的参数，从"行数和列数"下拉菜单中选择"独立"，设置"行数"的值为25，分别从"渐变图层1""渐变图层2"下拉菜单中选择"背景.jpg"层，如图6.15所示。

图6.15 设置卡片动画参数

04 将时间调整到00:00:00:00帧的位置，展开"X位置"选项组，从"源"下拉菜单中选择"红色1"选项，设置"乘数"的值为24，"偏移"的值为11，单击"乘数"和"偏移"左侧的码表按钮，在当前位置设置关键帧，合成窗口效果如图6.16所示。

05 将时间调整到00:00:04:11帧的位置，设置"乘数"的值为0，"偏移"的值为0，系统会自动设置关键帧，如图6.17所示。

图6.16 0秒关键帧　　　图6.17 设置关键帧

06 展开"Z位置"选项组，将时间调整到00:00:00:00帧的位置，设置"偏移"的值为10，单击"偏移"左侧的码表◎按钮，在当前位置设置关键帧。

07 将时间调整到00:00:04:11帧的位置，设置"偏移"的值为0，系统会自动设置关键帧，如图6.18所示。合成窗口效果如图6.19所示。

图6.18　设置参数　　　图6.19　设置后的效果

08 这样就完成了梦幻汇集效果的整体制作，按小键盘上的"0"键，即可在合成窗口中预览动画。完成后的动画流程画面如图6.20所示。

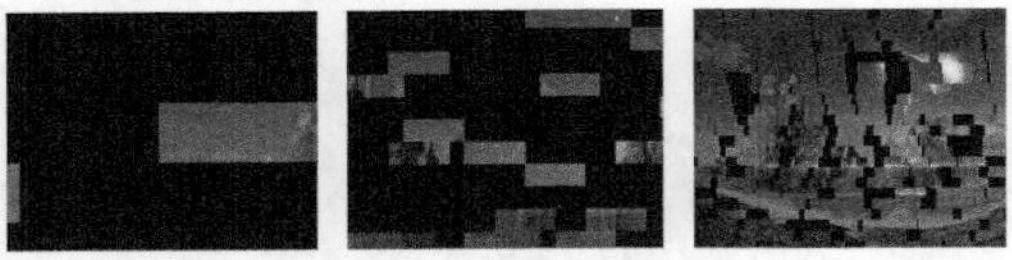

图6.20　动画流程画面

6.2.3 CC Ball Action（CC 滚珠操作）

　　该特效是一个根据不同图层的颜色变化，使图像产生彩色珠子的特效。该特效的参数设置及应用前后效果如图 6.21 所示。

图6.21　应用CC滚珠操作特效的参数设置及前后效果

6.2.4 CC Bubbles（CC 吹泡泡）重点

　　该特效可以使画面变形为许多带有图像颜色信息的泡泡。该特效的参数设置及应用前后效果如图 6.22 所示。

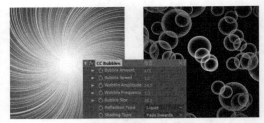

图6.22　应用CC 吹泡泡特效的参数设置及前后效果

练习6-3 利用"CC 吹泡泡"制作泡泡上升动画 重点

难 度：★
工程文件：第 6 章 \ 练习 6-3\ 泡泡上升动画 .aep
在线视频：第 6 章 \ 练习 6-3 利用"CC 吹泡泡"制作泡泡上升动画 .avi

01 执行菜单栏中的"文件"|"打开项目"命令，选择"泡泡上升动画练习.aep"文件，将文件打开。

02 执行菜单栏中的"图层"|"新建"|"纯色"命令，打开"纯色设置"对话框，设置"名称"为"载体"，"颜色"为青色（R：0；G：198；B：255）。

03 为"载体"层添加CC Bubbles（CC 吹泡泡）特效。在"效果和预设"面板中展开"模拟"特效组，然后双击CC Bubbles（CC 吹泡泡）特效，合成窗口效果如图6.23所示。

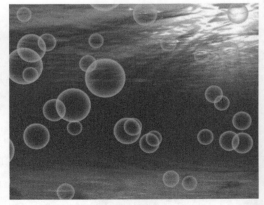

图6.23　添加CC吹泡泡特效后的效果

04 这样就完成了泡泡上升动画的整体制作，按小键盘上的"0"键，即可在合成窗口中预览动画。完成后的动画流程画面如图6.24所示。

图6.24　动画流程画面

6.2.5　CC Drizzle（CC 细雨滴）重点

该特效可以使图像产生波纹涟漪的画面效果。该特效的参数设置及应用前后效果如图 6.25 所示。

图6.25　应用CC 细雨滴特效的参数设置及前后效果

练习6-4 利用"CC 细雨滴"制作水波纹效果 重点

难　　度：★
工程文件：第 6 章 \ 练习 6-4\ 水波纹效果 .aep
在线视频：第 6 章 \ 练习 6-4 利用"CC 细雨滴"制作水波纹效果 .avi

01 执行菜单栏中的"文件"|"打开项目"命令，选择"水波纹效果练习.aep"文件，将文件打开。

02 为"背景"层添加特效。在"效果和预设"面板中展开"模拟"特效组，然后双击CC Drizzle（CC 细雨滴）特效。

03 在"效果控件"面板中，修改CC Drizzle（CC 细雨滴）特效的参数，设置Displacement（置换）的值为30，Ripple Height（波纹高度）的值为160，Spreading（扩展）的值为150，如图6.26所示。合成窗口效果如图6.27所示。

图6.26　设置参数　　　　　图6.27　设置后效果

04 这样就完成了水波纹效果的整体制作，按小键盘上的"0"键，即可在合成窗口中预览动画。完成后的动画流程画面如图6.28所示。

图6.28　动画流程画面

6.2.6　CC Hair（CC 毛发）

该特效可以在图像上产生类似毛发的物体，通过设置制作出多种效果。该特效的参数设置及应用前后效果如图 6.29 所示。

图6.29　应用CC 毛发特效的参数设置及前后效果

6.2.7　CC Mr. Mercury（CC 水银滴落）

通过对一个图像添加该特效，可以将图像色彩等因素变形为水银滴落的粒子状态。该特效的参数设置及应用前后效果如图 6.30 所示。

图6.30　应用CC水银滴落特效的参数设置及前后效果

练习6-5 利用"CC 水银滴落"制作水珠滴落效果 （重点）

难　度：★
工程文件：第6章\练习6-5\水珠滴落效果.aep
在线视频：第6章\练习6-5利用"CC 水银滴落"制作水珠滴落效果.avi

01 执行菜单栏中的"文件"|"打开项目"命令，选择"水珠滴落练习.aep"文件，将文件打开。

02 按Ctrl+D组合键复制1份背景层，将其名称更改为"背景2"，为"背景2"层添加特效。在"效果和预设"面板中展开"模拟"特效组，然后双击CC Mr. Mercury（CC 水银滴落）特效。

03 在"效果控件"面板中，修改特效的参数，设置Radius X（X轴半径）的值为120，Radius Y（Y轴半径）的值为80，Producer（发生器）的值为（360，0），Velocity（速度）的值为0，Birth Rate（生长速率）的值为0.2，Gravity（重力）的值为0.2，Resistance（阻力）的值为0，从Animation（动画）下拉菜单中选择Direction（方向），从Influence Map（影响）下拉菜单中选择Constant Blobs（恒定滴落），设置Blob Birth Size（生长大小）的值为0.4，Blob Death Size（消逝大小）的值为0.36，如图6.31所示。合成窗口效果如图6.32所示。

图6.31　设置参数

图6.32　设置后效果

04 为"背景2"层添加"快速方框模糊"特效。在"效果和预设"面板中展开"模糊和锐化"特效组，然后双击"快速方框模糊"特效。

05 在"效果控件"面板中，修改"快速方框模糊"特效的参数，将时间调整到00:00:02:10帧的位置，设置"模糊半径"的值为0，单击"模糊半径"左侧的码表按钮，在当前位置设置关键帧。

06 将时间调整到00:00:03:00帧的位置，设置"模糊半径"的值为15，系统会自动设置关键帧，如图6.33所示。合成窗口效果如图6.34所示。

图6.33　设置快速方框模糊参数

图6.34　设置快速方框模糊后效果

07 为"背景"层添加"快速方框模糊"特效。在"效果和预设"面板中展开"模糊和锐化"特效组，然后双击"快速方框模糊"特效。

08 在"效果控件"面板中，修改"快速方框模糊"特效的参数，将时间调整到00:00:02:10帧的位置，设置"模糊半径"的值为15，单击"模糊半径"左侧的码表按钮，在当前位置设置关键帧，合成窗口效果如图6.35所示。

图6.35　快速模糊后的效果

09 将时间调整到00:00:03:00帧的位置，设置"模糊半径"的值为0，系统会自动设置关键帧，如图6.36所示。

图6.36　设置3秒的关键帧

10 这样就完成了水珠滴落效果的整体制作，按小键盘上的"0"键，即可在合成窗口中预览动画。完成后的动画流程画面如图6.37所示。

图6.37　动画流程画面

6.2.8　CC Particle Systems II（CC 粒子仿真系统II）

使用该特效可以产生大量运动的粒子，通过对粒子颜色、形状及产生方式的设置，制作出需要的运动效果。该特效的参数设置及应用前后效果如图 6.38 所示。

图6.38　应用CC 粒子仿真系统II特效的参数设置及前后效果

6.2.9　CC Particle World（CC 粒子仿真世界）

该特效与 CC Particle Systems II（CC 仿真粒子系统 II）特效相似。该特效的参数设置及应用前后效果如图 6.39 所示。

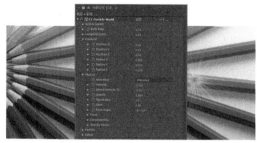

图6.39　应用CC 粒子仿真世界特效的参数设置及前后效果

难　度：★★
工程文件：第 6 章 \ 练习 6-6\ 飞舞的小球效果 .aep
在线视频：第 6 章 \ 练习 6-6 利用"CC 粒子仿真世界"制作飞舞的小球效果 .avi

01 执行菜单栏中的"合成"|"新建合成"命令，打开"合成设置"对话框，设置"合成名称"为"飞舞小球"，"宽度"为"720"，"高度"为"576"，"帧速率"为"25"，并设置"持续时间"为00:00:05:00。

02 执行菜单栏中的"图层"|"新建"|"纯色"命令，打开"纯色设置"对话框，设置"名称"为"粒子"，"颜色"为紫色（R：122；G：25；B：232）。

03 为"粒子"层添加特效。在"效果和预设"面板中展开"模拟"特效组，然后双击CC Particle World（CC 粒子仿真世界）特效。

04 在"效果控件"面板中，修改特效的参数，设置Birth Rate（生长速率）的值为0.6，Longevity（寿命）的值为2.09；展开Producer（发生器）选项组，设置Radius Z（Z轴半径）的值为0.435；将时间调整到00:00:00:00帧的位置，设置Position X（X轴位置）的值为-0.53，Position Y（Y轴位置）的值为0.03，同时单击Position X（X轴位置）和Position Y（Y轴位置）左侧的码表按钮，在当前位置设置关键帧。

05 将时间调整到00:00:03:00帧的位置，设置Position X（X轴位置）的值为0.78，Position Y（Y轴位置）的值为0.01，系统会自动设置关键帧，如图6.40所示。合成窗口效果如图6.41所示。

图6.40 设置参数　　图6.41 设置后的效果

06 展开Physics（物理学）选项组，从Animation（动画）下拉菜单中选择Viscouse（粘性）选项，设置Velocity（速度）的值为1.06，Gravity（重力）的值为0。展开Particle（粒子）选项组，从Particle Type（粒子类型）下拉菜单中选择Lens Convex（凸透镜）选项，设置Birth Size（生长大小）的值为0.357，Death Size（消逝大小）的值为0.587，如图6.42所示。合成窗口效果如图6.43所示。

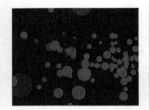

图6.42 设置参数　　图6.43 设置后的效果

07 选中"粒子"层，按Ctrl+D组合键复制出另一个图层，将该图层更改为"粒子2"，为"粒子2"文字层添加"快速方框模糊"特效。在"效果和预设"面板中展开"模糊和锐化"特效组，然后双击"快速方框模糊"特效。

08 在"效果控件"面板中，修改"快速方框模糊"特效的参数，设置"模糊半径"的值为15。

09 选中"粒子2"层，在"效果控件"面板中，修改CC Particle World（CC 粒子仿真世界）特效的参数，设置Birth Rate（生长速率）的值为1.7，Longevity（寿命）的值为1.87。

10 展开Physics（物理学）选项组，设置Velocity（速度）的值为0.84，如图6.44所示。合成窗口效果如图6.45所示。

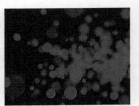

图6.44 设置参数　　图6.45 设置后的效果

11 这样就完成了飞舞的小球效果的整体制作，按小键盘上的"0"键，即可在合成窗口中预览动画。完成后的动画流程画面如图6.46所示。

图6.46 动画流程画面

6.2.10　CC Pixel Polly（CC 像素多边形）

该特效可以使图像分割，制作出画面碎裂的效果。该特效的参数设置及应用前后效果如图6.47所示。

图6.47 应用CC 像素多边形特效的参数设置及前后效果

练习6-7 利用"CC像素多边形"制作风沙汇集效果 **重点**

难　　度：★
工程文件：第 6 章 \ 练习 6-7\ 风沙汇集动画 .aep
在线视频：第 6 章 \ 练习 6-7 利用"CC 像素多边形"制作风沙汇集效果 .avi

01 执行菜单栏中的"文件"|"打开项目"命令，选择"风沙汇集动画练习.aep"文件，将文件打开。

02 为"英雄"层添加特效。在"效果和预设"面板中展开"模拟"特效组，然后双击CC Pixel Polly（CC像素多边形）特效。

03 在"效果控件"面板中，修改特效的参数，设置Grid Spacing（网格间隔）的值为2，从Object（对象）右侧的下拉菜单中选择Polygon（多边形），如图6.48所示。合成窗口效果如图6.49所示。

图6.48 设置参数　　图6.49 设置后的效果

04 这样就完成了风沙汇集效果的整体制作，按小键盘上的"0"键，即可在合成窗口中预览动画。完成后的动画流程画面如图6.50所示。

图6.50 动画流程画面

6.2.11 CC Rainfall（CC下雨）

该特效可以模拟真实的下雨效果。该特效的参数设置及应用前后效果如图 6.51 所示。

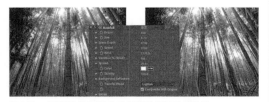

图6.51 应用CC下雨特效的参数设置及前后效果

练习6-8 利用"CC下雨"制作下雨效果

难　　度：★
工程文件：第 6 章 \ 练习 6-8\ 下雨效果 .aep
在线视频：第6章\练习6-8 利用"CC下雨"制作下雨效果 .avi

01 执行菜单栏中的"文件"|"打开项目"命令，选择"下雨效果练习.aep"文件，将文件打开。

02 为"背景"层添加特效。在"效果和预设"面板中展开"模拟"特效组，然后双击CC Rainfall（CC下雨）特效。

03 在"效果控件"面板中，修改特效的参数，设置Wind（风力）的值为800，Opacity（不透明度）的值为30，如图6.52所示。合成窗口效果如图6.53所示。

图6.52 设置参数　　图6.53 设置后的效果

04 这样就完成了下雨效果的整体制作，按小键盘上的"0"键，即可在合成窗口中预览动画。完成后的动画流程画面如图6.54所示。

图6.54 动画流程画面

6.2.12 CC Scatterize（CC散射）

该特效可以将图像变为很多的小颗粒，并加以旋转，使其产生绚丽的效果。该特效的参数设置及应用前后效果如图 6.55 所示。

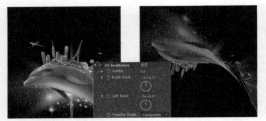

图6.55 应用CC散射特效的参数设置及前后效果

6.2.13 CC Snowfall（CC下雪）

该特效可以模拟自然界中的下雪效果。该特效的参数设置及应用前后效果如图6.56所示。

图6.56 应用CC下雪特效的参数设置及前后效果

练习6-9 利用"CC下雪"制作下雪效果 （重点）

难 度：★
工程文件：第6章\练习6-9\下雪效果.aep
在线视频 第6章\练习6-9利用"CC下雪"制作下雪效果.avi

01 执行菜单栏中的"文件"|"打开项目"命令，选择"下雪动画练习.aep"文件，将文件打开。

02 为"雪景.jpg"层添加特效。在"效果和预设"面板中展开"模拟"特效组，然后双击CC Snowfall（CC下雪）特效。

03 在"效果控件"面板中，修改特效的参数，设置Size（大小）的值为12，Speed（速度）的值为250，Wind（风力）的值为80，Opacity（不透明度）的值为100，如图6.57所示。合成窗口效果如图6.58所示。

04 这样就完成了下雪效果的整体制作，按小键盘上的"0"键，即可在合成窗口中预览动画。完成后的动画流程画面如图6.59所示。

图6.57 设置下雪参数　　　　图6.58 下雪效果

图6.59 动画流程画面

6.2.14 CC Star Burst（CC星爆）

该特效可以根据一个指定层的特性，将该层的颜色拆分为粒子。可以利用Scatter（扩散）、Speed（速度）、Phase（相位）等属性设置图片爆炸为粒子后的各种属性。该特效的参数设置及应用前后效果如图6.60所示。

图6.60 应用CC星爆特效的参数设置及前后效果

6.2.15 泡沫

该特效用于模拟水泡、水珠等流动液体的效果。该特效的参数设置及应用前后效果如图6.61所示。

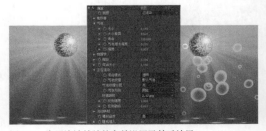

图6.61 应用泡沫特效的参数设置及前后效果

6.2.16 碎片

该特效可以使图像产生爆炸分散的碎片效果。该特效的参数设置及应用前后效果如图 6.62 所示。

图6.62 应用碎片特效的参数设置及前后效果

6.2.17 粒子运动场

使用该特效可以产生大量类似物体独立运动的画面效果，并且它还是一个功能强大的粒子动画特效。该特效的参数设置及应用前后效果如图 6.63 所示。

图6.63 应用粒子运动场特效的参数设置及前后效果

6.3 知识总结

在影视制作中，素材抠像是场景合成的关键，是现在影视制作中最基本、最常用的手段。模拟的重点是模拟自然界的一些自然现象，如下雨、下雪等。通过本章的学习，重点掌握抠像与模拟特效的使用技巧。

6.4 拓展训练

本章为读者朋友安排了 2 个拓展练习，帮助大家巩固前面的基础知识，更好地掌握素材抠像与模拟特效的实战应用技巧。

训练6-1 利用"碎片"制作破碎的球体效果

◆ 实例分析

本例主要讲解制作破碎的球体效果，本例用到了"碎片"特效，直接为素材图像添加碎片效果，最终效果如图 6.64 所示。

难　度：★

工程文件：第 6 章 \ 训练 6-1\ 破碎的球体效果 .aep

在线视频：第 6 章 \ 训练 6-1 利用"碎片"制作破碎的球体效果 .avi

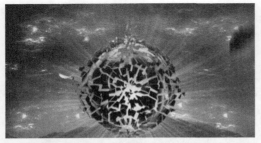

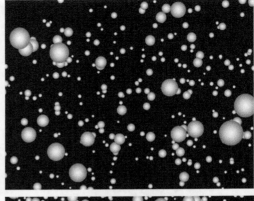

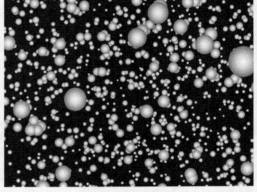

图6.64　动画流程画面

◆本例知识点

"碎片"

训练6-2 利用"CC 滚珠操作"制作三维立体球效果

◆实例分析

　　本例主要讲解利用 CC Ball Action（CC 滚珠操作）特效制作三维立体球效果。最终效果如图 6.65 所示。

难　度：★
工程文件：第 6 章 \ 训练 6-2 \ 三维立体球效果 .aep
在线视频：第 6 章 \ 训练 6-2 利用"CC 滚珠操作"制作三维立体球效果 .avi

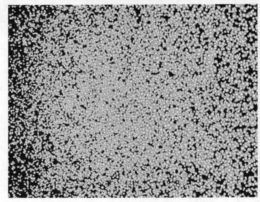

图6.65　动画流程画面

◆本例知识点

1."纯色"命令
2.CC Ball Action（CC 滚珠操作）

第 **7** 章

内置视频特效

在影视作品中，一般离不开特效的使用，所谓视频特效，就是对视频文件进行特殊的处理，使其产生丰富多彩的视频效果，以更好地表现作品主题，达到视频制作的目的。After Effects 中内置了上百种视频特效，掌握各种视频特效的应用是进行视频创作的基础，只有掌握了各种视频特效的应用特点，才能轻松地制作炫丽的视频作品。

教学目标

学习视频特效的含义
学习视频特效的使用方法
掌握视频特效参数的调整
掌握特效的复制与粘贴
掌握常见视频特效动画的制作技巧

7.1 视频特效的使用方法

要想制作出好的视频作品，首先要了解视频特效的应用。在 After Effects 软件中，使用视频特效的方法有 4 种。

- **方法1**：使用菜单。在时间线面板中，选择要使用特效的层，单击"效果"菜单，然后从菜单中选择要使用的某个特效命令即可，如图7.1所示。
- **方法2**：使用效果和预置面板。在时间线面板中选择要使用特效的层，然后打开"效果和预设"面板，在特效面板中双击需要的特效即可。"效果和预设"面板如图7.2所示。

图7.1 菜单

图7.2 "效果和预设"面板

提示

当某层应用多个效果时，效果会按照使用的先后顺序从上到下排列，即新添加的特效位于原特效的下方。如果想更改特效的位置，可以在"效果控件"面板中通过直接拖动的方法，将某个特效上移或下移。不过需要注意的是，特效应用的顺序不同，产生的效果也会不同。

- **方法3**：使用右键。在时间线面板中，在要使用特效的层上单击鼠标右键，从弹出的快捷菜单中，选择"效果"子菜单中的特效命令即可。
- **方法4**：利用拖动的方法。从"效果和预设"面板中，选择某个特效，然后将其拖动到时间线面板中要应用特效的层上即可。

提示

如果添加特效有误或不再需要该特效，可以选择该特效，然后执行菜单中的"编辑"|"清除"命令或按 Delete 键，即可将特效删除。

7.2 视频特效的编辑技巧

在应用完视频特效后，接下来就要对特效进行相应的修改，比如，特效参数的调整，特效的复制与粘贴，特效的关闭与删除等。

7.2.1 特效参数的调整

在学习了添加特效的方法后，一般特效产生的效果并不能恰恰是想要的效果，这时就要对特效的参数进行调整，调整参数有两种方法。

1. 使用"效果控件"面板

在启动 After Effects 软件时，"效果控件"面板默认为打开状态，如果不小心将它关闭了，可以执行菜单中的"窗口"|"效果控件"命令，将该面板打开。选择添加特效后的层，该层使

用的特效就会在该面板中显示出来，通过单击
▶按钮，可以将特效中的参数展开并进行修改，
如图 7.3 所示。

图7.3 "效果控件"面板

2. 使用时间线面板

当一个层应用了特效，在时间线面板中，
单击该层前面的▶按钮，即可将层列表展开。
使用同样的方法单击"效果"前的▶按钮，即
可展开特效参数并进行修改。如图 7.4 所示。

图7.4 时间线面板

在"效果控件"面板和时间线面板中，修
改特效参数的常用方法有以下 4 种。

- **方法1：** 菜单法。通过单击参数选项右侧的选项
  区，将弹出一个下拉菜单，从该菜单中选择要
  修改的选项即可。
- **方法2：** 定位点法。一般常用于修改特效的位

置，单击选项右侧的◉按钮，然后在"合成"
窗口中需要的位置单击即可。
- **方法3：** 拖动或输入法。在特效选项的右侧出
  现数字类的参数，将鼠标指针放置在上面，会
  出现一个双箭头，按住鼠标拖动或直接单击
  该数字，在激活状态下直接输入数值即可。
- **方法4：** 颜色修改法。单击选项右侧的▢色
  块，打开"拾色器"对话框，直接在该对话框
  中选取需要的颜色。还可以单击吸管工具按
  钮，在"合成"窗口中的图像上单击，吸取需
  要的颜色即可。

7.2.2 特效的复制与粘贴

相同层的不同位置或不同层之间需要的特
效完全一样，这时就可以应用复制、粘贴的方
法快速实现特效设置，操作方法如下。

01 在"效果控件"面板或时间线面板中，选择要
复制的特效，然后执行菜单中的"编辑"|"复
制"命令，或按Ctrl + C组合键，将特效复制。

02 在时间线面板中，选择要应用特效的层，然后
执行菜单中的"编辑"|"粘贴"命令，可按Ctrl +
V组合键，将复制的特效粘贴到该层，这样就完成
了特效的复制与粘贴。

> **提示**
>
> 如果特效只是在本层进行复制、粘贴，可以在"效
> 果控件"面板或时间线面板中选择该特效，然后
> 按 Ctrl + D 键即可。

7.3 3D通道特效组

"3D 通道"特效组主要对图像进行三维方面的修改，所修改的图像要带有三维信息，
如 Z 通道、材质 ID 号、物体 ID 号、法线等，通过对这些信息的读取，进行特效的处理。
"3D 通道"特效组包括"3D 通道提取""场深度"、EXtractoR（提取）、"ID 遮罩"、
IDentifier（标识符）、"深度遮罩"和"雾 3D"7 种特效。

7.3.1 3D通道提取

该特效可以将图像中的 3D 通道信息提取并进行处理，包括"Z 深度""对象 ID""纹理 UV""曲面法线""覆盖范围""背景 RGB""非固定 RGB"和"材质 ID"，其参数设置面板如图 7.5 所示。

图7.5　3D通道提取参数设置面板

7.3.2 场深度

该特效可以模拟摄像机的景深效果，将图像沿 Z 轴作模糊处理。其参数设置面板如图 7.6 所示。

图7.6　场深度参数设置面板

7.3.3 EXtractoR（提取）

该特效可以显示图像中的通道信息，并对黑色与白色进行处理。其参数设置面板如图 7.7 所示。

图7.7　提取参数设置面板

7.3.4 ID遮罩

该特效通过读取图像的物体 ID 号或材质 ID 号信息，将 3D 通道中的指定元素分离出来，制作出遮罩效果。其参数设置面板如图 7.8 所示。

图7.8　ID遮罩参数设置面板

7.3.5 IDentifier（标识符）

该特效通过读取图像的 ID 号，将位于通道中的指定元素做标志。其参数设置面板如图 7.9 所示。

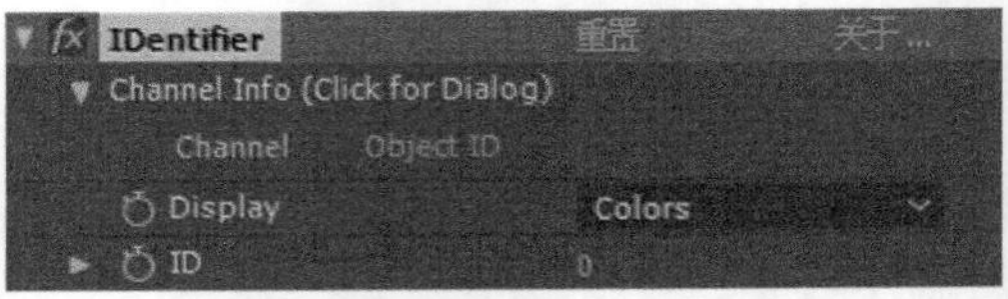

图7.9　标识符参数设置面板

7.3.6 深度遮罩

该特效可以读取 3D 图像中的 Z 轴深度，并沿 Z 轴深度的指定位置截取图像，以产生蒙版效果。其参数设置面板如图 7.10 所示。

图7.10　深度遮罩参数设置面板

7.3.7 雾3D

该特效可以使图像沿 Z 轴产生雾状效果，以雾化场景。其参数设置面板如图 7.11 所示。

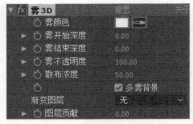

图7.11　雾3D参数设置面板

7.4 实用工具特效组

"实用工具"特效组主要调整素材颜色的输出和输入设置。常用的特效包括"范围扩散"、CC Overbrights（CC 亮度信息）、"Cineon 转换器""HDR 压缩扩展器"和"HDR 高光压缩"。

7.4.1 范围扩散

该特效可以通过增长像素范围来解决其他特效显示的一些问题。例如，文字层添加"投影"特效后，当文字层移出合成窗口外面时，阴影也会被遮挡，这时就需要"范围扩散"特效来解决。需要注意的是，"范围扩展"特效需在文字层添"投影"特效前添加。应用该特效的参数设置及应用前后效果如图 7.12 所示。

图7.12　应用范围扩散特效的参数设置及前后效果

7.4.2 CC Overbrights（CC 亮度信息）

该特效主要利用图像的各种通道信息来提取图片的亮度。应用该特效的参数设置及应用前后效果如图 7.13 所示。

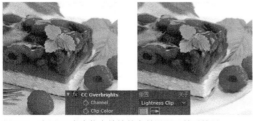

图7.13　应用CC亮度信息特效的参数设置及前后效果

7.4.3 Cineon转换器

该特效主要应用于标准线性到曲线对称的转换。应用该特效的参数设置及应用前后效果如图 7.14 所示。

图7.14　应用Cineon转换器特效的参数设置及前后效果

7.4.4 HDR压缩扩展器

该特效使用压缩级别和扩展级别来调节图像。应用该特效的参数设置及应用前后效果如图 7.15 所示。

图7.15　应用HDR压缩扩展器特效的参数设置及前后效果

7.4.5 HDR高光压缩

该特效可以将图像的高动态范围内的高光数据压缩到低动态范围内的图像。应用该特效的参数设置及应用前后效果如图 7.16 所示。

图7.16　应用HDR高光压缩特效的参数设置及前后效果

7.5.1 球面化

该特效可以使图像产生球形的扭曲变形效果。应用该特效的参数设置及应用前后效果如图 7.17 所示。

图7.17 应用球面化特效的参数设置及前后效果

7.5.2 贝塞尔曲线变形

该特效在层的边界上沿一个封闭曲线来变形图像。图像每个角有 3 个控制点，角上的点为顶点，用来控制线段的位置，顶点两侧的两个点为切点，用来控制线段的弯曲曲率。应用该特效的参数设置及应用前后效果如图 7.18 所示。

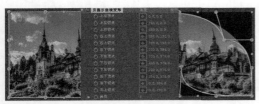

图7.18 应用贝塞尔曲线变形特效的参数设置及前后效果

7.5.3 漩涡条纹

该特效通过一个蒙版来定义涂抹笔触，另一个蒙版来定义涂抹范围，通过改变涂抹笔触的位置和旋转角度产生一个类似蒙版的特效生成框，以此框来涂抹当前图像，产生变形效果。应用该特效的参数设置及应用前后效果如图 7.19 所示。

图7.19 应用漩涡条纹特效的参数设置及前后效果

7.5.4 改变形状

该特效需要可以借助几个蒙版，通过重新限定图像形状，产生变形效果。其参数设置面板如图 7.20 所示。

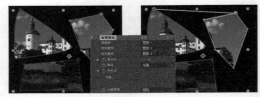

图7.20 改变形状参数设置面板

7.5.5 放大

该特效可以使图像产生类似放大镜的扭曲变形效果。应用该特效的参数设置及应用前后效果如图 7.21 所示。

图7.21 应用放大特效的参数设置及前后效果

7.5.6 镜像

该特效可以按照指定的方向和角度将图像沿一条直线分割为两部分，制作出镜像效果。应用该特效的参数设置及应用前后效果如图7.22所示。

图7.22 应用镜像特效的参数设置及前后效果

7.5.7 CC Bend It（CC 2点弯曲）

该特效可以利用图像2个边角坐标位置的变化对图像进行变形处理，主要是用来根据需要定位图像，可以对图形进行拉伸、收缩、倾斜和扭曲。应用该特效的参数设置及应用前后效果如图7.23所示。

图7.23 应用CC 2点弯曲特效的参数设置及前后效果

7.5.8 CC Bender（CC 弯曲）

该特效可以通过指定顶部和底部的位置对图像进行弯曲处理。应用该特效的参数设置及应用前后效果如图7.24所示。

图7.24 应用CC 弯曲特效的参数设置及前后效果

7.5.9 CC Blobbylize（CC 融化）

该特效主要是通过Blobbiness（滴状斑点）、Light（光）和Shading（阴影）3个特效组的参数来调节图像的滴状斑点效果。应用该特效的参数设置及应用前后效果如图7.25所示。

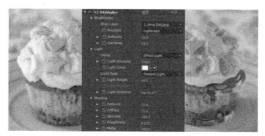

图7.25 应用CC 融化特效的参数设置及前后效果

7.5.10 CC Flo Motion（CC 液化流动）

该特效可以利用图像2个边角坐标位置的变化对图像进行变形处理。应用该特效的参数设置及应用前后效果如图7.26所示。

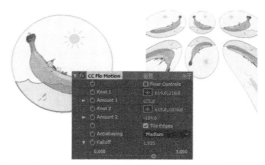

图7.26 应用CC 液化流动特效的参数设置及前后效果

7.5.11 CC Griddler（CC 网格变形）

该特效可以使图像产生错位的网格效果。应用该特效的参数设置及应用前后效果如图7.27所示。

图7.27 应用CC 网格变形特效的参数设置及前后效果

7.5.12 CC Lens（CC 镜头）

该特效可以使图像变形成为镜头的形状。应用该特效的参数设置及应用前后效果如图7.28 所示。

图7.28 应用CC 镜头特效的参数设置及前后效果

7.5.13 CC Page Turn（CC 卷页）

该特效可以使图像产生书页卷起的效果。应用该特效的参数设置及应用前后效果如图7.29 所示。

图7.29 应用CC 卷页特效的参数设置及前后效果

7.5.14 CC Power Pin（CC 四角缩放）

该特效可以利用图像 4 个边角坐标位置的变化对图像进行变形处理，主要是用来根据需要定位图像，可以对图形进行拉伸、收缩、倾

斜和扭曲，也可以用来模拟透视效果。当选择 CC Power Pin（CC 四角缩放）特效时，在图像上将出现 4 个控制柄，可以通过拖动这 4 个控制柄来调整图像的变形。应用该特效的参数设置及应用前后效果如图 7.30 所示。

图7.30 应用CC四角缩放特效的参数设置及前后效果

7.5.15 CC Ripple Pulse（CC 波纹扩散）

该特效可以利用图像上控制柄位置的变化对图像进行变形处理，在适当的位置为控制柄的中心创建关键帧，控制柄划过的位置会产生波纹效果的扭曲。应用该特效的参数设置及应用前后效果如图 7.31 所示。

图7.31 应用CC波纹扩散特效的参数设置及前后效果

7.5.16 CC Slant（CC 倾斜）

该特效可以使图像产生平行倾斜的效果。应用该特效的参数设置及应用前后效果如图7.32 所示。

图7.32 应用CC 倾斜特效的参数设置及前后效果

7.5.17 CC Smear（CC 涂抹）

该特效通过调节 2 个控制点的位置及涂抹范围的多少和涂抹半径的大小来调整图像，使图像产生变形效果。应用该特效的参数设置及应用前后效果如图 7.33 所示。

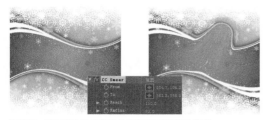

图7.33　应用CC 涂抹特效的参数设置及前后效果

7.5.18 CC Split（CC 分裂）

该特效可以使图像在 2 个分裂点之间产生分裂，通过调节 Split（分裂）值的大小来控制图像分裂的大小。应用该特效的参数设置及应用前后效果如图 7.34 所示。

图7.34　应用CC 分裂特效的参数设置及前后效果

7.5.19 CC Split 2（CC 分裂2）

该特效与 CC Split（CC 分裂）的使用方法相同，只是 CC Split 2（CC 分裂2）中可以分别调节分裂点两边的分裂程度。应用该特效的参数设置及应用前后效果如图 7.35 所示。

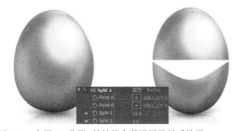

图7.35　应用CC 分裂2特效的参数设置及前后效果

7.5.20 CC Tiler（CC 拼贴）

该特效可以将图像进行水平和垂直的拼贴，产生类似在墙上贴瓷砖的效果。应用该特效的参数设置及应用前后效果如图 7.36 所示。

图7.36　应用CC 拼贴特效的参数设置及前后效果

7.5.21 光学补偿

该特效可以使画面沿指定点水平、垂直或呈对角线产生光学变形，制作类似摄像机的透视效果。应用该特效的参数设置及应用前后效果如图 7.37 所示。

图7.37　应用光学补偿特效的参数设置及前后效果

7.5.22 湍流置换

该特效可以使图像产生各种凸起、旋转等动荡不安的效果。应用该特效的参数设置及应用前后效果如图 7.38 所示。

图7.38　应用湍流置换特效的参数设置及前后效果

7.5.23 置换图

该特效可以指定一个层作为置换贴图层，

应用贴图置换层的某个通道值对图像进行水平或垂直方向的变形。应用该特效的参数设置及应用前后效果如图 7.39 所示。

图7.39　应用置换图特效的参数设置及前后效果

7.5.24 偏移

该特效可以对图像自身进行混合运动，产生半透明的位移效果。应用该特效的参数设置及应用前后效果如图 7.40 所示。

图7.40　应用偏移特效的参数设置及前后效果

7.5.25 网格变形

该特效在图像上产生一个网格，通过控制网格上的贝塞尔点来使图像变形，对于网格变形的效果控制，更多的是在合成图像中通过鼠标拖曳网格的贝塞尔点来完成。应用该特效的参数设置及应用前后效果如图 7.41 所示。

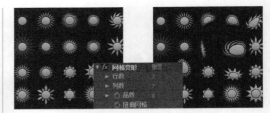

图7.41　应用网格变形特效的参数设置及前后效果

7.5.26 凸出

该特效可以使物体区域沿水平轴和垂直轴扭曲变形，制作类似通过透镜观察对象的效果。应用该特效的参数设置及应用前后效果如图 7.42 所示。

图7.42　应用凸出特效的参数设置及前后效果

7.5.27 变形

该特效可以以变形样式为准，通过参数的修改将图像进行多方面的变形处理，产生如弧形、拱形等形状的变形效果。应用该特效的参数设置及应用前后效果如图 7.43 所示。

图7.43　应用变形特效的参数设置及前后效果

7.5.28 变换

该特效可以对图像的位置、尺寸、透明度、倾斜度和快门角度等进行综合调整，以使图像产生扭曲变形效果。应用该特效的参数设置及应用前后效果如图 7.44 所示。

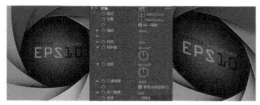

图7.44　应用变换特效的参数设置及前后效果

7.5.29　变形稳定器VFX

该特效可以自动处理镜头抖晃产生的变形画面，并将其自动校正。此特效主要应用于动画中，如图 7.45 所示。

图7.45　变形稳定器VFX

7.5.30　旋转扭曲

该特效可以使图像产生一种沿指定中心旋转变形的效果。应用该特效的参数设置及应用前后效果如图 7.46 所示。

图7.46　应用旋转扭曲特效的参数设置及前后效果

7.5.31　极坐标

该特效可以将图像的直角坐标和极坐标进行相互转换，产生变形效果。应用该特效的参数设置及应用前后效果如图 7.47 所示。

图7.47　应用极坐标特效的参数设置及前后效果

7.5.32　波形变形

该特效可以使图像产生一种类似水波浪的扭曲效果。应用该特效的参数设置及应用前后效果如图 7.48 所示。

图7.48　应用波形变形特效的参数设置及前后效果

7.5.33　波纹

该特效可以使图像产生类似水面波纹的效果。应用该特效的参数设置及应用前后效果如图 7.49 所示。

图7.49　应用波纹特效的参数设置及前后效果

7.5.34　液化

该特效通过工具栏中的相关工具，直接拖动鼠标来扭曲图像，使图像产生自由的变形效果。该特效的参数设置面板如图 7.50 所示。

图7.50 液化参数设置面板

7.5.35 边角定位

该特效可以利用图像 4 个边角坐标位置的变化对图像进行变形处理，主要是用来根据需要定位图像，可以拉伸、收缩、倾斜和扭曲图形，

也可以用来模拟透视效果。当选择"边角定位"特效时，在图像上将出现 4 个控制柄，可以通过拖动这 4 个控制柄来调整图像的变形。应用该特效的参数设置及应用前后效果如图 7.51 所示。

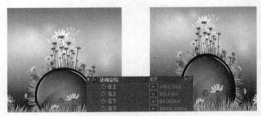

图7.51 应用边角定位特效的参数设置及前后效果

7.6 文本特效组

"文本"特效组主要是辅助文字工具来添加更多更精彩的文字特效。包括"编号""时间码"2 种特效。

7.6.1 编号

该特效可以生成多种格式的随机或顺序数，可以编辑时间码、十六进制数字、当前日期等，并且可以随时间变动刷新，或者随机乱序刷新。应用该特效的参数设置及应用前后效果如图 7.52 所示。

图7.52 应用编号特效的参数设置及前后效果

练习7-1 利用"编号"制作进度动画 重点

难 度：★ ★
工程文件：第 7 章 \ 练习 7-1\ 进度动画 .aep
在线视频：第 7 章 \ 练习 7-1 利用"编号"制作进度动画 .avi

01 执行菜单栏中的"合成"|"新建合成"命令，打开"合成设置"对话框，设置"合成名称"为"进度动画"，"宽度"为"720"，"高度"为"405"，"帧速率"为"25"，并设置"持续时间"为00:00:05:00，如图7.53所示。

图7.53 新建合成

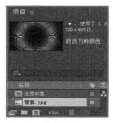

图7.54 导入素材

02 执行菜单栏中的"文件"|"导入"|"文件"命令,打开"导入文件"对话框,选择"背景.jpg"素材,单击"导入"按钮,如图7.54所示。

03 将导入的素材拖入时间线面板中,如图7.55所示。

图7.55 添加素材

04 新建一个纯色层,命名为"数字",在"效果和预设"面板中展开"文本"特效组,然后双击"编号"特效。

05 在弹出的对话框中设置"字体"为Arial,"样式"为"Bold",分别勾选"水平"及"居中对齐"单选按钮,如图7.56所示。

图7.56 设置编号

06 在"效果控件"面板中,修改"编号"特效的参数,将时间调整到00:00:00:00帧的位置,设置"数值/位移/随机最大"的值为0,单击"数值/位移/随机最大"左侧的码表 按钮,在当前位置设置关键帧,将"填充颜色"更改为蓝色(R:0,G:156,B:255),如图7.57所示。

图7.57 设置编号

07 将时间调整到00:00:03:00帧的位置,设置"数值/位移/随机最大"的值为100,系统会自动设置关键帧,如图7.58所示。

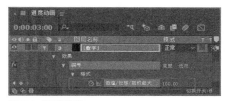

图7.58 更改数值

08 选择工具箱中的"矩形工具" ,在封面位置绘制1个矩形,设置"填充"为蓝色(R:0,G:138,B:225),"描边"为无,将生成1个"形状图层2",如图7.59所示。

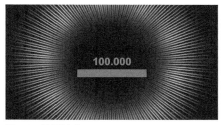

图7.59 绘制图形

09 选中"形状图层1"图层,选择工具箱中的"向后平移(锚点)工具" ,在图形上将定位点移至矩形左侧顶端位置,如图7.60所示。

图7.60 更改定位点

10 在"时间线"面板中,选中"形状图层1"图层,将时间调整至0:00:00:00位置,按S键打开"缩放",单击"缩放"左侧码表 ,在当前位置添加关键帧,将数值更改为(0,100),将时间调整至0:00:03:00位置,将"缩放"更改为(100,100),系统将自动添加关键帧,如图7.61所示。

图7.61　更改数值

11 选择工具箱中的"横排文字工具" **T**，在图像中适当位置添加文字（Arial），如图7.62所示。

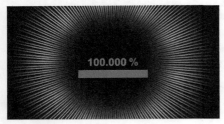

图7.62　添加文字

12 这样就完成了最终整体效果的制作，按小键盘上的键即可在合成窗口中预览效果。动画流程画面如图7.63所示。

图7.63　动画流程画面

7.6.2　时间码

该特效可以在当前层上生成一个显示时间的码表效果，以动画形式显示当前播放动画的时间长度。应用该特效的参数设置及应用前后效果如图 7.64 所示。

图7.64　应用时间码特效的参数设置及前后效果

7.7 时间特效组

"时间"特效组主要用来控制素材的时间特性，并以素材的时间为基准。各种特效的应用方法和含义如下。

7.7.1　CC Force Motion Blur（CC 强力运动模糊）

该特效可以使运动的物体产生模糊效果。应用该特效的参数设置及应用前后效果如图 7.65 所示。

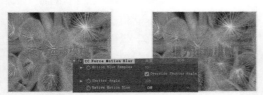

图7.65　应用CC强力运动模糊特效的参数设置及前后效果

7.7.2　CC Wide Time（CC 时间工具）

该特效可以设置图像前方与后方的重复数量，使其产生连续的重复效果，该特效只对运动的素材起作用。应用该特效的参数设置及应用前后效果如图 7.66 所示。

图7.66　应用CC 时间工具特效的参数设置及前后效果

7.7.3 残影 重点

　　该特效可以将图像中不同时间的多个帧组合起来同时播放，产生重复效果，该特效只对运动的素材起作用。应用该特效的参数设置及应用前后效果如图 7.67 所示。

图7.67　应用残影特效的参数设置及前后效果

7.7.4 色调分离时间

　　该特效是将素材锁定到一个指定的帧率，从而产生跳帧播放的效果。应用该特效的参数设置及应用前后效果如图 7.68 所示。

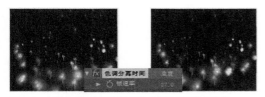

图7.68　应用色调分离时间特效的参数设置及前后效果

7.7.5 时差

　　通过特效层与指定层之间像素的差异比较，而产生该特效效果。应用该特效的参数设置及应用前后效果如图 7.69 所示。

图7.69　应用时差特效的参数设置及前后效果

图7.69　应用时差特效的参数设置及前后效果（续）

7.7.6 时间置换

　　该特效可以在特效层上，通过其他层图像的时间帧转换图像像素，使图像变形，产生特效。可以在同一画面中反映出运动的全过程。应用时要设置映射图层，然后基于图像的亮度值，将图像上明亮的区域替换为几秒钟以后该点的像素。应用该特效的参数设置及应用前后效果如图 7.70 所示。

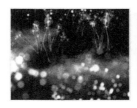

图7.70　应用时间置换特效的参数设置及前后效果

7.8 杂色和颗粒特效组

"杂色和颗粒"特效组主要对图像进行杂点颗粒的添加设置。各种特效的应用方法和含义如下。

7.8.1 分形杂色

该特效可以轻松制作出各种的云雾效果，并可以通过动画预置选项，制作出各种常用的动画画面，其功能相当强大。应用该特效的参数设置及应用前后效果如图 7.71 所示。

图7.71 应用分形杂色特效的参数设置及前后效果

7.8.2 中间值

该特效可以通过混合图像像素的亮度来减少图像的杂色，并通过指定的半径值内图像中性的色彩替换其他色彩。此特效在消除或减少图像的动感效果时非常有用。应用该特效的参数设置及应用前后效果如图 7.72 所示。

图7.72 应用中间值特效的参数设置及前后效果

7.8.3 匹配颗粒

该特效与"添加颗粒"很相似，不过该特效可以通过取样其他层的杂点和噪波，添加当前层的杂点效果，并可以进行再次的调整。该特效中的许多参数与"添加颗粒"相同，这里

不再赘述，只讲解不同的部分。应用该特效的参数设置及应用前后效果如图 7.73 所示。

图7.73 应用匹配颗粒特效的参数设置及前后效果

7.8.4 杂色

该特效可以在图像颜色的基础上，为图像添加噪波杂点。应用该特效的参数设置及应用前后效果如图 7.74 所示。

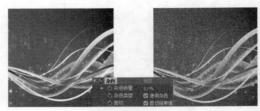

图7.74 应用杂色特效的参数设置及前后效果

7.8.5 杂色Alpha

该特效能够在图像的 Alpha 通道中，添加噪波效果。应用该特效的参数设置及应用前后效果如图 7.75 所示。

图7.75 应用杂色Alpha特效的参数设置及前后效果

7.8.6 杂色HLS

该特效可以通过调整色相、亮度和饱和度来设置噪波的产生位置。应用该特效的参数设置及应用前后效果如图7.76所示。

图7.76　应用杂色HLS特效的参数设置及前后效果

7.8.7 杂色HLS自动

该特效与"杂色HLS"的应用方法很相似，只是通过参数的设置可以自动生成噪波动画。应用该特效的参数设置及应用前后效果如图7.77所示。

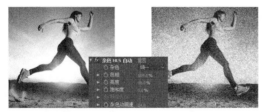

图7.77　应用杂色HLS自动特效的参数设置及前后效果

7.8.8 湍流杂色

该特效与"分形噪波"的使用方法及参数设置相同，在这里就不再赘述。应用该特效的参数设置及应用前后效果如图7.78所示。

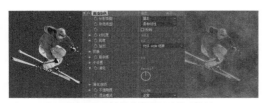

图7.78　应用湍流杂色特效的参数设置及前后效果

7.8.9 添加颗粒

该特效可以将一定数量的杂色以随机的方式添加到图像中。应用该特效的参数设置及应用前后效果如图7.79所示。

图7.79　应用添加颗粒特效的参数设置及前后效果

7.8.10 移除颗粒

该特效常用于人物的降噪处理，是一个功能相当强大的工具，在降噪方面独树一帜，通过简单的参数修改，或者不修改参数，都可以对带有杂点、噪波的照片进行美化处理。应用该特效的参数设置及应用前后效果如图7.80所示。

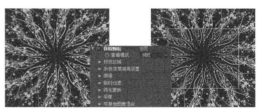

图7.80　应用移除颗粒特效的参数设置及前后效果

7.8.11 蒙尘与划痕

该特效可以为图像制作类似蒙尘和划痕的效果。应用该特效的参数设置及应用前后效果如图7.81所示。

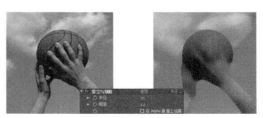

图7.81　应用蒙尘与划痕特效的参数设置及前后效果

7.9 模糊和锐化特效组

"模糊和锐化"特效组主要是对图像进行各种模糊和锐化处理,各种特效的应用方法和含义介绍如下。

7.9.1 复合模糊

该特效可以根据指定的层画面的亮度值,对应用特效的图像进行模糊处理,用一个层去模糊另一个层效果。应用该特效的参数设置及应用前后效果如图 7.82 所示。

图7.82　应用复合模糊特效的前后效果及参数设置

7.9.2 锐化

该特效可以提高相邻像素的对比程度,从而达到图像清晰度的效果。应用该特效的参数设置及应用前后效果如图 7.83 所示。该特效参数"锐化量"用于调整图像的锐化强度,值越大锐化程度越大。

图7.83　应用锐化特效的前后效果及参数设置

7.9.3 通道模糊

该特效可以分别对图像的"红、绿、蓝或Alpha"这几个通道进行模糊处理。应用该特效的参数设置及应用前后效果如图7.84所示。

图7.84　应用通道模糊特效的前后效果及参数设置

7.9.4 CC Cross Blur（CC 交叉模糊）

该特效可以通过设置水平或垂直半径创建十字形模糊效果。应用该特效的参数设置及应用前后效果如图 7.85 所示。

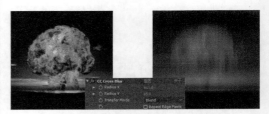

图7.85　应用CC交叉模糊特效的前后效果及参数设置

7.9.5 CC Radial Blur（CC 放射模糊）

该特效可以将图像按多种放射状的模糊方式进行处理,使图像产生不同模糊效果,应用该特效的参数设置及应用前后效果如图 7.86 所示。

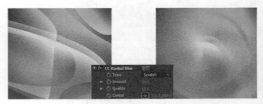

图7.86　应用CC 放射模糊特效的前后效果及参数设置

7.9.6 CC Radial Fast Blur（CC 快速放射模糊）

该特效可以产生比 CC 放射模糊更快的模糊效果。应用该特效的参数设置及应用前后效果如图 7.87 所示。

图7.87　应用CC快速放射模糊特效的前后效果及参数设置

7.9.7 CC Vector Blur（CC 矢量模糊）

该特效可以通过 Type（模糊方式）对图像进行不同样式的模糊处理。应用该特效的参数设置及应用前后效果如图 7.88 所示。

图7.88　应用CC矢量模糊特效的前后效果及参数设置

7.9.8 摄像机镜头模糊

该特效是运用摄像机原理，将物体进行模糊处理，如图 7.89 所示。

图7.89　应用摄像机镜头模糊特效的前后效果及参数设置

7.9.9 智能模糊

该特效在你选择的距离内搜索计算不同的像

素，然后使这些不同的像素产生相互渲染的效果，并对图像的边缘进行模糊处理。应用该特效的参数设置及应用前后效果如图 7.90 所示。

图7.90　应用智能模糊特效的前后效果及参数设置

7.9.10 双向模糊

该特效将图像按左右对称的方向进行模糊处理，应用该特效的参数设置及应用前后效果如图 7.91 所示。

图7.91　应用双向模糊特效的前后效果及参数设置

7.9.11 定向模糊

该特效可以指定一个方向，并使图像按这个指定的方向进行模糊处理，可以产生一种运动的效果。应用该特效的参数设置及应用前后效果如图 7.92 所示。

图7.92　应用定向模糊特效的前后效果及参数设置

7.9.12 径向模糊

该特效可以模拟摄像机快速变焦和旋转镜

头时所产生的模糊效果。应用该特效的参数设置及应用前后效果如图 7.93 所示。

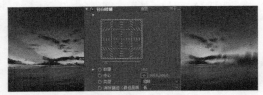

图7.93　应用径向模糊特效的前后效果及参数设置

7.9.13　快速方框模糊

该特效将图像按盒子的形状进行模糊处理，在图像的四周形成一个盒状的边缘效果，应用该特效的参数设置及应用前后效果如图 7.94 所示。

图7.94　应用快速方框模糊特效的前后效果及参数设置

7.9.14　钝化蒙版

该特效与锐化命令相似，用来提高相邻像素的对比程度，从而达到图像清晰度的效果。与"锐化"不同的是，它不对颜色边缘进行突出，看上去是整体对比度增强。应用该特效的参数设置及应用前后效果如图 7.95 所示。

图7.95　应用钝化蒙版特效的前后效果及参数设置

7.9.15　高斯模糊

该特效是通过高斯运算在图像上产生大面积的模糊效果。应用该特效的参数设置及应用前后效果如图 7.96 所示。

图7.96　应用高斯模糊特效的前后效果及参数设置

7.10　生成特效组

"生成"特效组可以在图像上创造各种常见的特效，如闪电、圆、镜头光晕等，还可以对图像进行颜色填充，如 4 色渐变、油漆桶、填充等。

7.10.1　圆形

该特效可以为图像添加一个圆形或环形的图案，并可以利用圆形图案制作蒙版效果。应用该特效的参数设置及应用前后效果如图 7.97 所示。

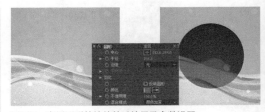

图7.97　应用圆形特效的前后效果及参数设置

7.10.2 分形

该特效可以用来模拟细胞体，制作分形效果。分形在几何学中的含义是不规则的碎片形。应用该特效的参数设置及应用前后效果如图7.98所示。

图7.98　应用分形特效的前后效果及参数设置

7.10.3 椭圆

该特效可以为图像添加一个椭圆形的图案，并可以利用椭圆形图案制作蒙版效果。应用该特效的参数设置及应用前后效果如图7.99所示。

图7.99　应用椭圆特效的前后效果及参数设置

7.10.4 吸管填充

该特效可以直接利用取样点在图像上吸取某种颜色，使用图像本身的某种颜色进行填充，并可调整颜色的混合程度。应用该特效的参数设置及应用前后效果如图7.100所示。

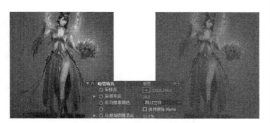

图7.100　应用吸管填充特效的前后效果及参数设置

7.10.5 镜头光晕

该特效可以模拟强光照射镜头，在图像上产生光晕效果。应用该特效的参数设置及应用前后效果如图7.101所示。

图7.101　应用镜头光晕特效的前后效果及参数设置

7.10.6 CC Glue Gun（CC 喷胶器）

该特效可以使图像产生一种水珠的效果。应用该特效的参数设置及应用前后效果如图7.102所示。

图7.102　应用CC 喷胶器特效的前后效果及参数设置

7.10.7 CC Light Burst 2.5（CC 光线爆裂 2.5）

该特效可以使图像产生光线爆裂的效果，使其有镜头透视的感觉。应用该特效的参数设置及应用前后效果如图7.103所示。

图7.103　应用CC 光线爆裂2.5特效的前后效果及参数设置

7.10.8 CC Light Rays（CC 光芒放射）

该特效可以利用图像上不同的颜色产生不同的光芒，使其产生放射的效果。应用该特效的参数设置及应用前后效果如图 7.104 所示。

图7.104 应用CC 光芒放射特效的前后效果及参数设置

7.10.9 CC Light Sweep（CC 扫光效果）

该特效可以为图像创建光线，光线以某个点为中心，向一边以擦除的方式运动，产生扫光的效果。其参数设置及图像显示效果如图 7.105 所示。

图7.105 应用CC 扫光效果的前后效果及参数设置

练习7-2 利用"CC 扫光效果"制作爆炸文字动画 **重点**

难 度：★
工程文件：第 7 章\练习 7-2\爆炸文字动画 .aep
在线视频：第 7 章\练习 7-2 利用"CC 扫光效果"制作爆炸文字动画 .avi

01 执行菜单栏中的"合成"|"新建合成"命令，打开"合成设置"对话框，设置"合成名称"为"文字动画"，"宽度"为"720"，"高度"为"405"，"帧速率"为"25"，并设置"持续时间"为00:00:03:00，如图7.106所示。

图7.106 新建合成

02 执行菜单栏中的"文件"|"导入"|"文件"命令，打开"导入文件"对话框，选择"背景.jpg"素材，单击"导入"按钮，如图7.107所示。

图7.107 导入素材

03 将导入的素材拖入时间线面板中。

04 执行菜单栏中的"图层"|"新建"|"文本"命令，输入文字，如图7.108所示。

图7.108 输入文字

05 在时间线面板中，选中"SPEED CITY"层，打开"三维开关"，按P键打开"位置"，将"位置"更改为（359，286，181），如图7.109所示。

图7.109 更改文字位置

图7.109 更改文字位置（续）

06 在时间线面板中，选中"SPEED CITY"层，按R键打开"旋转"，将"方向"更改为（0，358，0），"Y轴旋转"更改为60，如图7.110所示。

图7.110 更改文字旋转

07 在时间线面板中，选中"SPEED CITY"层，在"效果和预设"面板中展开"生成"特效组，然后双击"梯度渐变"特效。

08 在"效果控件"面板中，修改"梯度渐变"特效的参数，设置"渐变起点"的值为（455，283），"起始颜色"为黑色，"渐变终点"的值为（457，250），"结束颜色"为白色，如图7.111所示。

图7.111 添加渐变

图7.111 添加渐变（续）

09 在时间线面板中，选中"SPEED CITY"层，在"效果和预设"面板中展开"生成"特效组，然后双击"CC Light Sweep（CC 扫光效果）"特效。

10 在"效果控件"面板中，修改特效的参数，设置"Direction（方向）"的值为90，"Width（宽度）"的值为1000，"Sweep Intensity（扫光亮度）"的值为1，"Edge Intensity（边缘亮度）"50，"Edge Thickness（边缘厚度）"的值为1，如图7.112所示。

图7.112 设置"CC Light Sweep"参数

11 在时间线面板中，选中"SPEED CITY"层，在"效果和预设"面板中展开"模拟"特效组，然后双击"CC Pixel Polly（CC 像素多边形）"特效。

12 在"效果控件"面板中，修改特效的参数，设置"Gravity（重力）"的值为-0.1，"Force Center（力量中心）"的值为（462，265），"Speed Randomness（速度随机）"的值为50，"Grid Spacing（网格间距）"的值为2，如图7.113所示。

图7.113 设置 CC Pixel Polly 参数

13 执行菜单栏中的"合成"|"新建"|"纯色"命令，在弹出的对话框中将"名称"更改为"阴影"，完成之后单击"确定"按钮，如图7.114所示。

图7.114 设置纯色

14 选择工具箱中的"椭圆工具" ，在文字位置绘制1个扁长的椭圆蒙版，如图7.115所示。

图7.115 绘制椭圆蒙版

15 在时间线面板中，选中"阴影"层，打开"三维开关" ，按P键打开"位置"，将"位置"更改为（404，201，227），如图7.116所示。

图7.116 更改阴影位置

16 在时间线面板中，选中"SPEED CITY"层，按R键打开"旋转"，将"方向"更改为（0，0，8），"X轴旋转"更改为-4，"Y轴旋转"更改为-12，"Z轴旋转"更改为-1，如图7.117所示。

图7.117 更改阴影旋转

17 选中"阴影"层，按F键打开"蒙版羽化"，将其数值更改为（10，10），如图7.118所示。

图7.118 更改羽化值

18 在时间线面板中，选中"SPEED CITY"层，按Ctrl+D组合键两次复制两个新层，如图7.119所示。

19 选中"SPEED CITY 2"层，在"效果控件"面板中，将"Grid Spacing（网格间距）"的值为4，选中"SPEED CITY 3"层，在"效果控件"面板中，将"Grid Spacing（网格间距）"的值为6。

图7.119 复制层

20 在时间线面板中，选中"阴影"层，按T键打开"不透明度"，单击"不透明度"左侧码表 ![icon]，在当前位置添加关键帧，时间调整到0:00:00:05位置，将"不透明度"更改为0，系统将自动添加关键帧，如图7.120所示。

图7.120 添加关键帧

21 这样就完成了最终整体效果的制作，按小键盘上的"0"键即可在合成窗口中预览动画。动画流程画面如图7.121所示。

图7.121 动画流程画面

7.10.10 CC Threads（CC 线状穿梭）

该特效可以为图像创建线状穿梭效果，添加一个 CC 线状穿梭效果，其参数设置及图像显示效果如图 7.122 所示。

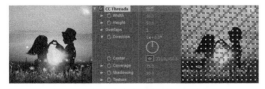

图7.122 应用CC线状穿梭特效的前后效果及参数设置

7.10.11 光束

该特效可以模拟激光束移动，制作出瞬间划过的光速效果，如流星、飞弹等。应用该特效的参数设置及应用前后效果如图7.123所示。

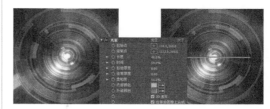

图7.123 应用光束特效的前后效果及参数设置

7.10.12 填充

该特效向图层的蒙版中填充颜色，并通过参数修改填充颜色的羽化和透明度。应用该特效的参数设置及应用前后效果如图7.124所示。

图7.124 应用填充特效的前后效果及参数设置

7.10.13 网格

该特效可以为图像添加网格效果。应用该特效的参数设置及应用前后效果如图 7.125所示。

图7.125 应用网格特效的前后效果及参数设置

7.10.14 单元格图案

该特效可以将图案创建成单个图案的拼合体，添加一种类似细胞的效果。应用该特效的参数设置及应用前后效果如图 7.126 所示。

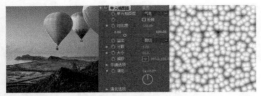

图7.126 应用单元格图案特效的前后效果及参数设置

7.10.15 写入

该特效是用画笔在一层中绘画，模拟笔迹和绘制过程，它一般与表达式合用，能表示出精彩的图案效果。应用该特效的参数设置及应用前后效果如图 7.127 所示。

图7.127 应用写入特效的前后效果及参数设置

7.10.16 勾画

该特效类似 Photoshop 软件中的"查找边缘"功能，能够将图像的边缘描绘出来，还可以按照蒙版进行描绘，当然，还可以通过指定其他层来描绘当前图像。应用该特效的参数设置及应用前后效果如图 7.128 所示。

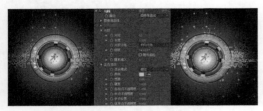

图7.128 应用勾画特效的前后效果及参数设置

练习7-3 利用"勾画"制作曲线动画 （重点）

难 度：★★
工程文件：第 7 章 \ 练习 7-3 \ 曲线动画 .aep
在线视频：第 7 章 \ 练习 7-3 利用"勾画"制作曲线动画 .avi

01 执行菜单栏中的"合成"|"新建合成"命令，打开"合成设置"对话框，设置"合成名称"为"曲线动画"，"宽度"为"720"，"高度"为"576"，"帧速率"为"25"，并设置"持续时间"为00:00:10:00。

02 执行菜单栏中的"图层"|"新建"|"纯色"命令，打开"纯色设置"对话框，设置"名称"为"渐变"，"颜色"为黑色。

03 为"渐变"层添加"梯度渐变"特效。在"效果和预设"面板中展开"生成"特效组，然后双击"梯度渐变"特效。

04 在"效果控件"面板中，修改"梯度渐变"特效的参数，设置"起始颜色"为深蓝色（R：0；G：45；B：84），"结束颜色"为墨绿色（R：0；G：63；B：79），如图7.129所示。合成窗口效果如图7.130所示。

图7.129 设置渐变参数　　　图7.130 设置后效果

05 执行菜单栏中的"图层"|"新建"|"纯色"命令，打开"纯色设置"对话框，设置"名称"为"网格"，"颜色"为黑色。

06 为"网格"层添加"网格"特效。在"效果和预设"面板中展开"生成"特效组，然后双击"网格"特效。

07 在"效果控件"面板中，修改"网格"特效的参数，设置"锚点"的值为（360，277），在"大小依据"下拉菜单中选择"宽度和高度滑块"选项，"宽度"的值为20，"高度"的值为40，"边界"的值为1.5，如图7.131所示。合成窗口效果如图7.132所示。

图7.131 设置网格参数　　　图7.132 设置后效果

08 执行菜单栏中的"图层"|"新建"|"纯色"命令，打开"纯色设置"对话框，设置"名称"为"描边"，"颜色"为黑色。

09 在时间线面板中，选中"描边"层，在工具栏中选择"钢笔工具" ，在文字层上绘制一个路径，如图7.133所示。

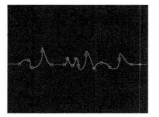

图7.133　绘制路径

10 为"描边"层添加"勾画"特效。在"效果和预设"面板中展开"生成"特效组，然后双击"勾画"特效。

11 在"效果控件"面板中，修改"勾画"特效的参数，从"描边"下拉菜单中选择"蒙版/路径"选项，展开"蒙版/路径"选项组，从"路径"下拉菜单中选择"蒙版1"，展开"片段"选项组，设置"片段"的值为1，"长度"的值为0.5，将时间调整到00:00:00:00帧的位置，设置"旋转"的值为0，单击"旋转"左侧的码表 按钮，在当前位置设置关键帧，如图7.134所示。

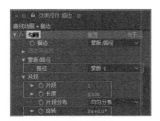

图7.134　设置0秒关键帧

12 将时间调整到00:00:09:22帧的位置，设置"旋转"的值为323，系统会自动设置关键帧，如图7.135所示。

图7.135　设置9秒22帧关键帧

13 展开"正在渲染"选项组，从"混合模式"下拉菜单中选择"透明"选项，设置"颜色"为绿色（R：0；G：150；B：25），"硬度"的值为0.14，"起始点不透明度"的值为0，"中点不透明度"的值为1，"中点位置"的值为0.366，"结束点不透明度"的值为1，如图7.136所示。

合成窗口效果如图7.137所示。

图7.136　设置勾画参数

图7.137　设置后效果

14 为"描边"层添加"发光"特效。在"效果和预设"面板中展开"风格化"特效组，然后双击"发光"特效。

15 在"效果控件"面板中，修改特效的参数，设置"发光阈值"的值为7，"发光半径"的值为15，"发光强度"的值为1，从"发光颜色"下拉菜单中选择"A和B颜色"选项，"颜色 A"为白色，"颜色 B"为亮绿色（R：111；G：255；B：128），如图7.138所示。合成窗口效果如图7.139所示。

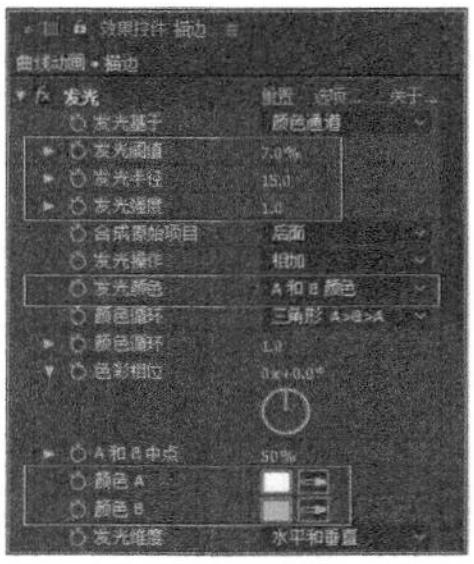

图7.138　设置参数

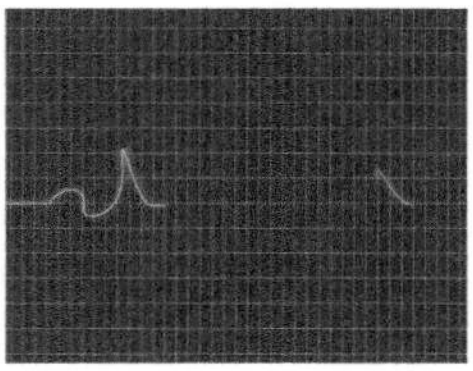

图7.139　设置后效果

16 这样就完成了动画效果的整体制作，按小键盘上的"0"键，即可在合成窗口中预览动画。完成后的动画流程画面如图7.140所示。

图7.140　动画流程画面

7.10.17 四色渐变

该特效可以在图像上创建一个 4 色渐变效果，用来模拟霓虹灯、流光溢彩等梦幻的效果。应用该特效的参数设置及应用前后效果如图 7.141 所示。

图7.141　应用四色渐变特效的前后效果及参数设置

7.10.18 描边

该特效可以沿指定路径或蒙版产生描绘边缘，可以模拟手绘过程。应用该特效的参数设置及应用前后效果如图 7.142 所示。

图7.142　应用描边特效的前后效果及参数设置

7.10.19 无线电波

该特效可以为带有音频文件的图像创建无线电波，无线电波以某个点为中心，向四周以各种图形的形式扩散，产生类似电波的图像。其参数设置及图像显示效果如图 7.143 所示。

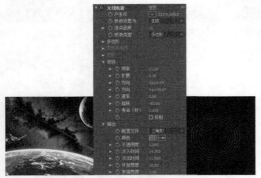

图7.143　应用无线电波特效的前后效果及参数设置

7.10.20 梯度渐变

该特效可以产生双色渐变效果，能与原始图像相融合产生渐变特效。应用该特效的参数设置及应用前后效果如图 7.144 所示。

图7.144　应用梯度渐变特效的前后效果及参数设置

7.10.21 棋盘

该特效可以为图像添加一种类似棋盘格的效果。应用该特效的参数设置及应用前后效果如图 7.145 所示。

图7.145　应用棋盘特效的前后效果及参数设置

7.10.22 油漆桶

该特效可以在指定的颜色范围内填充设置好的颜色，模拟油漆填充效果。应用该特效的参数设置及应用前后效果如图 7.146 所示。

图7.146　应用油漆桶特效的前后效果及参数设置

7.10.23 涂写

该特效可以根据蒙版形状，制作出各种潦草的涂写效果，并自动产生动画。应用该特效的参数设置及应用前后效果如图 7.147 所示。

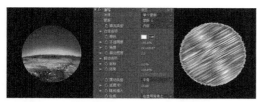

图7.147　应用涂写特效的前后效果及参数设置

练习7-4 利用"涂写"制作手绘效果 （重点）

难 度：★★
工程文件：第 7 章 \ 练习 7-4\ 手绘效果 .aep
在线视频：第 7 章 \ 练习 7-4 利用"涂写"制作手绘效果 .avi

01 执行菜单栏中的"文件"|"打开项目"命令，选择"手绘效果练习.aep"文件，将文件打开。

02 执行菜单栏中的"图层"|"新建"|"纯色"命令，打开"纯色设置"对话框，设置"名称"为"心"，"颜色"为白色。

03 选择"心"层，在工具栏中选择"钢笔工具" ，在文字层上绘制一个心形路径，如图7.148所示。

图7.148　绘制路径

04 为"心"层添加"涂写"特效。在"效果和预设"面板中展开"生成"特效组，然后双击"涂写"特效。

05 在"效果控件"面板中，修改"涂写"特效的参数，从"蒙版"下拉菜单中选择"蒙版 1"选项，设置"颜色"的值为红色（R：255；G：20；B：20），"角度"的值为129 。"描边宽度"的值为1.6；将时间调整到00:00:01:22帧的位置，设置"不透明度"的值为100，单击"不透明度"左侧的码表 按钮，在当前位置设置关键帧。

06 将时间调整到00:00:02:06帧的位置，设置"不

透明度"的值为1%，系统会自动设置关键帧，如图7.149所示。

图7.149　设置不透明度关键帧

07 将时间调整到00:00:00:00帧的位置，设置"结束"的值为0，单击"结束"左侧的码表 按钮，在当前位置设置关键帧。

08 将时间调整到00:00:01:00帧的位置，设置"结束"的值为100，系统会自动设置关键帧，如图7.150所示。合成窗口效果如图7.151所示。

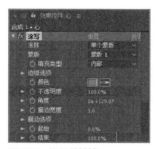

图7.150　设置关键帧

图7.151　设置后效果

09 这样就完成了动画的整体制作，按小键盘上的"0"键，即可在合成窗口中预览动画。完成后的动画流程画面如图7.152所示。

图7.152　动画流程画面

7.10.24 音频波形

该特效可以利用声音文件，以波形振幅方式显示在图像上，并可通过自定路径修改声波的显示方式，形成丰富多彩的声波效果。应用该特效的参数设置及应用前后效果如图7.153所示。

图7.153　应用音频波形特效的前后效果及参数设置

图7.154　设置参数

图7.155　设置"音频波形"后效果

05 这样就完成了电光线效果的整体制作，按小键盘上的"0"键，即可在合成窗口中预览动画。完成后的动画流程画面如图7.156所示。

图7.156　动画流程画面

7.10.25 音频频谱

该特效可以利用声音文件，将频谱显示在图像上，可以通过频谱的变化，了解声音频率，可将声音作为科幻与数位的专业效果表示出来，更可提高音乐的感染力。应用该特效的参数设置及应用前后效果如图7.157所示。

图7.157　应用音频频谱特效的前后效果及参数设置

7.10.26 高级闪电

该特效可以模拟产生自然界中的闪电效果，

练习7-5 利用"音频波形"制作电光线效果 重点

难　度：★★

工程文件：第 7 章 \ 练习 7-5\ 电光线效果 .aep

在线视频：第 7 章 \ 练习 7-5 利用"音频波形"制作电光线效果 .avi

01 执行菜单栏中的"文件"|"打开项目"命令，选择"电光线效果练习.aep"文件，将文件打开。
02 执行菜单栏中的"图层"|"新建"|"纯色"命令，打开"纯色设置"对话框，设置"名称"为"电光线"，"颜色"为黑色。
03 为"电光线"层添加"音频波形"特效。在"效果和预设"面板中展开"生成"特效组，然后双击"音频波形"特效。
04 在"效果控件"面板中，修改"音频波形"特效的参数，在"音频层"下拉菜单中选择"音频.mp3"，设置"起始点"的值为（72，444），"结束点"的值为（646，440），"显示的范例"值为80，"最大高度"的值为300，"音频持续时间"的值为900，"厚度"的值为6，"内部颜色"为白色，"外部颜色"为紫色（R: 234; G: 0; B: 255），如图7.154所示。合成窗口效果如图7.155所示。

并通过参数的修改，产生各种闪电的形状。应用该特效的参数设置及应用前后效果如图7.158所示。

图7.158　应用高级闪电特效的前后效果及参数设置

7.11 过时特效组

"过时"特效组保存之前版本的一些特效，包括"基本 3D""基本文字""减少交错闪烁""亮度键""路径文本""闪光"和"颜色键"等。

7.11.1 亮度键

该特效可以根据图像的明亮程度为图像制作透明效果，画面对比强烈的图像更适用。该特效的参数设置及前后效果如图 7.159 所示。

图7.159　应用亮度键特效的前后效果及参数设置

7.11.2 减少交错闪烁

该特效用于降低过高的垂直频率，消除超过安全级别的行间闪烁，使图像更适合在隔行扫描设置（如 NTSC 视频）上使用。其常用值为 1~5，值过大会影响图像效果。其参数设置面板如图 7.160 所示。

▼ fx 减少交错闪烁　重置
　　▶ Ò 柔和度　　　　0.0

图7.160　"减少交错闪烁"参数设置面板

7.11.3 基本3D

该特效用于在三维空间内变换图像。应用

该特效的参数设置及应用前后效果如图 7.161 所示。

图7.161　应用基本3D特效的参数设置及前后效果

7.11.4 基本文字

该特效可以创建基础文字。应用该特效的参数设置及应用前后效果如图 7.162 所示。

图7.162　应用基本文字特效的前后效果及参数设置

7.11.5 快速模糊（旧版）

该特效可以产生比高斯模糊更快的模糊效果。应用该特效的参数设置及应用前后效果如图 7.163 所示。

图7.163　应用快速模糊特效的前后效果及参数设置

7.11.6　溢出抑制

　　该特效可以去除键控后的图像残留的键控色的痕迹，可以将素材的颜色替换成另一种颜色。应用该特效的参数设置及应用前后效果如图 7.164 所示。

图7.164　应用溢出抑制特效的前后效果及参数设置

7.11.7　路径文本

　　该特效用于沿着路径描绘文字。应用该特效的参数设置及应用前后效果如图 7.165 所示。

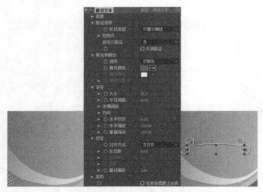

图7.165　应用路径文本特效的前后效果及参数设置

7.11.8　闪光

　　该特效用于模拟电弧与闪电。应用该特效的参数设置及应用前后效果如图 7.166 所示。

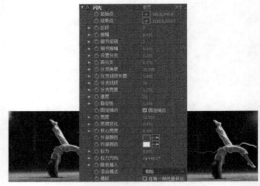

图7.166　应用闪光特效的参数设置及前后效果

7.11.9　颜色键

　　该特效将素材的某种颜色极其相似的颜色范围设置为透明，还可以为素材进行边缘预留设置，制作出类似描边的效果。该特效的参数设置及前后效果如图 7.167 所示。

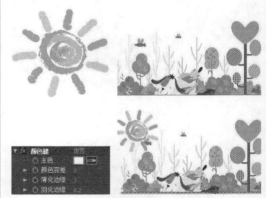

图7.167　应用颜色键特效的前后效果及参数设置

7.12　过渡特效组

"过渡"特效组主要用来制作图像间的过渡效果。各种特效的应用方法和含义如下。

7.12.1 渐变擦除

该特效可以使图像间产生梯度擦除的效果。应用该特效的参数设置及应用前后效果如图7.168所示。

图7.168　应用渐变擦除特效的前后效果及参数设置

7.12.2 卡片擦除

该特效可以将图像分解成很多的小卡片，以卡片的形状来显示擦除图像效果。应用该特效的参数设置及应用前后效果如图7.169所示。

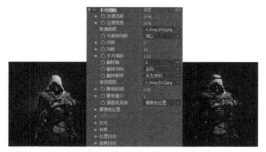

图7.169　应用卡片擦除特效的前后效果及参数设置

练习7-6 利用"卡片擦除"制作拼合效果 **重点**

难　　度：★
工程文件：第7章\练习\7-6拼合效果.aep
在线视频 第7章\练习7-6利用"卡片擦除"制作拼合效果.avi

01 执行菜单栏中的"文件"|"打开项目"命令，选择"拼合效果练习.aep"文件，将文件打开。

02 选择"图像.jpg"层，在"效果和预设"面板中展开"过渡"特效组，然后双击"卡片擦除"特效。

03 在"效果控件"面板中，修改"卡片擦除"特效的参数，将时间调整到00:00:00:08帧的位置，设置"过渡完成"的值为30，"过渡宽度"的值为

100，单击"过渡完成"和"过渡宽度"左侧的码表按钮，在当前位置设置关键帧，合成窗口效果如图7.170所示。

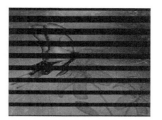

图7.170　设置关键帧后效果

04 将时间调整到00:00:01:20帧的位置，设置"过渡完成"的值为100，"过渡宽度"的值为0，系统会自动设置关键帧，如图7.171所示。

图7.171　设置1秒20帧关键帧

05 从"翻转轴"下拉菜单中选择"随机"选项，从"翻转方向"下拉菜单中选择"正向"选项。

06 展开"摄像机位置"选项组，设置"焦距"的值为65。将时间调整到00:00:00:00帧的位置，设置"Z轴旋转"的值为1x，单击"Z轴旋转"左侧的码表按钮，在当前位置设置关键帧。

07 将时间调整到00:00:01:22帧的位置，设置"Z轴旋转"的值为0，系统会自动设置关键帧，如图7.172所示。合成窗口效果如图7.173所示。

图7.172　设置参数　　　　　　图7.173　设置后效果

08 选择"图像.jpg"层，在"效果和预设"面板中展开"Trapcode"特效组，双击"Shine（光）"特效。

09 在"效果控件"面板中，修改"Shine（光）"特效的参数，展开"Pre-Process（预处理）"选项组，将时间调整到00:00:00:00帧的位置，设置"Source Point（源点）"的值为（-24，

286），单击"Source Point（源点）"左侧的码表 按钮，在当前位置设置关键帧。

10 将时间调整到00:00:00:13帧的位置，设置"Source Point（源点）"的值为（546，406），系统会自动设置关键帧。

11 将时间调整到00:00:01:06帧的位置，设置"Source Point（源点）"的值为（613，336）。

12 将时间调整到00:00:01:20帧的位置，设置"Source Point（源点）"的值为（505，646），如图7.174所示。合成窗口效果如图7.175所示。

图7.174　设置源点参数

图7.175　设置源点参数后效果

13 展开"Shimmer（微光）"选项组，设置"Amount（数量）"的值为180，"Boost Light（光线亮度）"的值为6.5。展开"Colorize（着色）"选项组，将时间调整到00:00:01:20帧的位置，设置"Highlights（高光）"为白色，单击"Highlights（高光）"左侧的码表 按钮，在当前位置设置关键帧。

14 将时间调整到00:00:01:22帧的位置，设置"Highlights（高光）"为深蓝色（R：0；G：15；B：83），系统会自动设置关键帧。

15 从"Blend Mode（转换模式）"下拉菜单中选

择"Screen（屏幕）"选项，如图7.176所示。合成窗口效果如图7.177所示。

图7.176　混合模式

图7.177　设置后效果

16 这样就完成了"利用卡片擦除制作拼合效果"的整体制作，按小键盘上的"0"键，即可在合成窗口中预览动画。完成后的动画流程画面如图7.178所示。

图7.178　动画流程画面

7.12.3 CC Glass Wipe（CC玻璃擦除）

该特效可以使图像产生类似玻璃效果的扭曲现象。应用该特效的参数设置及应用前后效果如图7.179所示。

图7.179　应用CC玻璃擦除特效的前后效果及参数设置

7.12.4 CC Grid Wipe（CC网格擦除）

该特效可以将图像分解成很多的小网格，以网格的形状来显示擦除图像效果。应用该特效的参数设置及应用前后效果如图7.180所示。

图7.180 应用CC 网格擦除特效的前后效果及参数设置

7.12.5 CC Image Wipe（CC 图像擦除）

该特效是通过特效层与指定层之间像素的差异比较，而产生以指定层的图像产生擦除的效果。应用该特效的参数设置及应用前后效果如图 7.181 所示。

图7.181 应用CC 图像擦除特效的前后效果及参数设置

7.12.6 CC Jaws（CC 锯齿）

该特效可以以锯齿形状将图像一分为二进行切换，产生锯齿擦除的图像效果。应用该特效的参数设置及应用前后效果如图 7.182 所示。

图7.182 应用CC 锯齿特效的前后效果及参数设置

7.12.7 CC Light Wipe（CC 光线擦除）

该特效运用圆形的发光效果对图像进行擦除。应用该特效的参数设置及应用前后效果如图 7.183 所示。

图7.183 应用CC 光线擦除特效的前后效果及参数设置

练习7-7 利用"CC 光线擦除"制作过渡转场 （重点）

难 度：★

工程文件：第 7 章 \ 练习 7-7 \ 过渡转场 .aep

在线视频：第 7 章 \ 练习 7-7 利用"CC 光线擦除"制作过渡转场 .avi

01 执行菜单栏中的"文件"|"打开项目"命令，选择"过渡转场练习.aep"文件，将文件打开。

02 选择"图1.jpg"层，在"效果和预设"面板中展开"过渡"特效组，然后双击"CC Light Wipe（CC 光线擦除）"特效。

03 在"效果控件"面板中，修改特效的参数，从"Shape（形状）"下拉菜单中选择"Doors（门）"选项，选中"Color from Source（颜色来源）"复选框。将时间调整到00:00:00:00帧的位置，设置"Completion（完成）"的值为0，单击"Completion（完成）"左侧的码表 按钮，在当前位置设置关键帧。

04 将时间调整到00:00:02:00帧的位置，设置"Completion（完成）"的值为100，系统会自动设置关键帧，如图7.184所示。合成窗口效果如图7.185所示。

图7.184 设置参数

图7.185 设置后效果

05 这样就完成了动画效果的整体制作，按小键盘上的"0"键，即可在合成窗口中预览动画。完成后的动画流程画面如图7.186所示。

图7.186 动画流程画面

7.12.8 CC Line Sweep（CC 线扫描）

该特效可以以一条直线为界线进行切换，产生线性擦除的效果。应用该特效的参数设置及应用前后效果如图 7.187 所示。

图7.187 应用CC线扫描特效的前后效果及参数设置

7.12.9 CC Radial ScaleWipe （CC径向缩放擦除）

该特效可以使图像产生旋转缩放擦除效果。应用该特效的参数设置及应用前后效果如图 7.188 所示。

图7.188 应用CC径向缩放擦除特效的前后效果及参数设置

难　度：★
工程文件：第 7 章 \ 练习 7-8\ 动画转场 .aep
在线视频：第 7 章 \ 练习 7-8 利用 "CC 径向缩放擦除" 制作动画转场 .avi

01 执行菜单栏中的"文件"|"打开项目"命令，选择"动画转场练习.aep"文件，将文件打开。

02 选择"图像1.jpg"层，在"效果和预设"面板中展开"过渡"特效组，然后双击"CC Radial ScaleWipe（CC径向缩放擦除）"特效。

03 在"效果控件"面板中，修改特效的参数，选中"Reverse Transition（反向转换）"复选框，设置"Center（中心）"的值为（184，180）。将时间调整到00:00:00:00帧的位置，设置"Completion（完成）"的值为0，单击"Completion（完成）"左侧的码表⬤按钮，在当前位置设置关键帧。

04 将时间调整到00:00:01:19帧的位置，设置"Completion（完成）"的值为100，系统会自动设置关键帧，如图7.189所示。合成窗口效果如图7.190所示。

图7.189 设置参数　　　　图7.190 设置后效果

05 这样就完成了动画的整体制作，按小键盘上的"0"键，即可在合成窗口中预览动画。完成后的动画流程画面如图7.191所示。

图7.191 动画流程画面

7.12.10 CC Scale Wipe（CC缩放擦除）

该特效通过调节拉伸中心点的位置及拉伸的方向，使其产生拉伸的效果。应用该特效的参数设置及应用前后效果如图 7.192 所示。

图7.192　应用CC 缩放擦除特效的前后效果及参数设置

7.12.11 CC Twister（CC扭曲）

该特效可以使图像产生扭曲的效果，应用 Backside（背面）选项，可以将图像进行扭曲翻转，从而显示出选择图层的图像。应用该特效的参数设置及应用前后效果如图 7.193 所示。

图7.193　应用CC 扭曲特效的前后效果及参数设置

7.12.12 CC WarpoMatic（CC溶解）

该特效可以使图像间通过如亮度、对比度产生不同的融合过渡效果。应用该特效的参数设置及应用前后效果如图 7.194 所示。

图7.194　应用CC 溶解特效的前后效果及参数设置

7.12.13 光圈擦除

该特效可以产生多种形状从小到大擦除图像的效果。应用该特效的参数设置及应用前后效果

如图 7.195 所示。

图7.195　应用光圈擦除特效的前后效果及参数设置

7.12.14 块溶解

该特效可以使图像间产生块状溶解的效果。应用该特效的参数设置及应用前后效果如图 7.196 所示。

图7.196　应用块溶解特效的前后效果及参数设置

7.12.15 百叶窗

该特效可以使图像间产生百叶窗过渡的效果。应用该特效的参数设置及应用前后效果如图 7.197 所示。

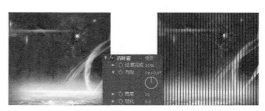

图7.197　应用百叶窗特效的前后效果及参数设置

7.12.16 径向擦除

该特效可以模拟表针旋转擦除的效果。应用该特效的参数设置及应用前后效果如图 7.198 所示。

图7.198　应用径向擦除特效的前后效果及参数设置

7.12.17 线性擦除

该特效可以模拟线性擦除的效果。应用该特效的参数设置及应用前后效果如图7.199所示。

图7.199　应用线性擦除特效的前后效果及参数设置

7.13 透视特效组

"透视"特效组可以为二维素材添加三维效果，主要用于制作各种透视效果。

7.13.1　3D眼镜

该特效可以将两个层的图像合并到一个层中，并产生三维效果。应用该特效的参数设置及应用前后效果如图7.200所示。

图7.200　应用3D眼镜特效的前后效果及参数设置

7.13.2　CC Cylinder（CC圆柱体）

该特效可以使图像呈圆柱体状卷起，使其产生立体效果。应用该特效的参数设置及应用前后效果如图7.201所示。

图7.201　应用CC圆柱体特效的前后效果及参数设置

7.13.3　CC Sphere（CC球体）

该特效可以使图像呈球体状卷起。应用该特效的参数设置及应用前后效果如图7.202所示。

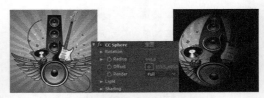

图7.202　应用CC球体特效的前后效果及参数设置

练习7-9 利用"CC球体"制作球体转动动画 重点

难　　度：★
工程文件：第7章\练习7-9\球体转动动画.aep
在线视频：第7章\练习7-9利用"CC球体"制作球体转动动画.avi

01 执行菜单栏中的"文件"|"打开项目"命令，选择"球体转动动画练习.aep"文件，将文件打开。

02 选择"载体.jpg"层，按S键打开"缩放"属性，设置"缩放"的值为（80，87.6）。为"载体.jpg"层添加"色相/饱和度"特效，在"效果和预设"面板中展开"颜色校正"特效组，然后双击"色相/饱和度"特效。

03 在"效果控件"面板中，修改"色相/饱和度"特效的参数，设置"主色相"的值为"1x+340"，

126

"主饱和度"的值为20,如图7.203所示。合成窗口效果如图7.204所示。

图7.203　设置参数

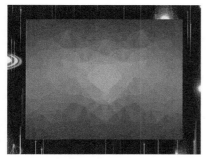

图7.204　设置后效果

04 为"载体.jpg"层添加特效。在"效果和预设"面板中展开"透视"特效组,然后双击"CC Sphere(CC 球体)"特效。

05 在"效果控件"面板中,修改"CC Sphere(CC 球体)"特效的参数,展开"Rotation(旋转)"选项组,将时间调整到00:00:00:00帧的位置,设置"Rotation Y(Y轴旋转)"的值为0,单击"RotationY(Y轴旋转)"左侧的码表🔘按钮,在当前位置设置关键帧,如图7.205所示。

图7.205　设置0秒关键帧

06 将时间调整到00:00:04:24帧的位置,设置"Rotation Y(Y轴旋转)"的值为1x,系统会自动设置关键帧,如图7.206所示。

图7.206　设置4秒24帧关键帧

07 设置"Radius(半径)"的值为220,展开"Shading(阴影)"选项组,设置"Ambient(环境光)"的值为30,"Specular(反光)"的值为33,"Roughness(粗糙度)"的值为0.163,如图7.207所示。合成窗口效果如图7.208所示。

图7.207　设置参数

图7.208　设置后效果

08 这样就完成了动画的整体制作,按小键盘上的"0"键,即可在合成窗口中预览动画。完成后的动画流程画面如图7.209所示。

图7.209　动画流程画面

7.13.4 CC Spotlight(CC 聚光灯)

该特效可以为图像添加聚光灯效果,使其

产生逼真的被灯照射的效果。应用该特效的参
数设置及应用前后效果。如图 7.210 所示。

图7.210 应用CC聚光灯特效的前后效果及参数设置

7.13.5 径向阴影

    该特效与"投影"特效相似，也可以为图
像添加阴影效果，但比投影特效在控制上有更
多的选择，"径向阴影"根据模拟的灯光投射
阴影，看上去更加符合现实中的灯光阴影效果。
应用该特效的参数设置及应用前后效果如图
7.211 所示。

图7.211 应用径向阴影特效的前后效果及参数设置

7.13.6 投影

    该特效可以为图像添加阴影效果，一般应
用在多层文件中。应用该特效的参数设置及应
用前后效果如图 7.212 所示。

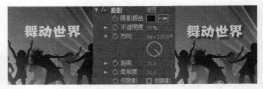

图7.212 应用投影特效的前后效果及参数设置

7.13.7 斜面Alpha

    该特效可以使图像中的 Alpha 通道边缘产
生立体的边界效果。应用该特效的参数设置及
应用前后效果如图 7.213 所示。

图7.213 应用斜面Alpha特效的前后效果及参数设置

7.13.8 边缘斜面

    该特效可以使图像边缘产生一种立体效果。
应用该特效的参数设置及应用前后效果如图
7.214 所示。

图7.214 应用边缘斜面特效的前后效果及参数设置

7.14 通道特效组

    "通道"特效组用来控制、抽取、插入和转换一个图像的通道，对图像进行混合计算，
通道包含各自的颜色分量（RGB）、计算颜色值（HSL）和透明值（Alpha）。各种特效的
应用方法和含义如下。

7.14.1 最小/最大

    该特效能够以最小、最大值的形式减小或放
大某个指定的颜色通道，并在许可的范围内填充
指定的颜色。应用该特效的参数设置及应用前后
效果如图 7.215 所示。

图7.215　应用最小/最大特效的前后效果及参数设置

7.14.2 复合运算

该特效通过通道和模式应用及与其他视频轨道图像的复合，制作出复合的图像效果。应用该特效的参数设置及应用前后效果如图 7.216 所示。

图7.216　应用复合运算特效的前后效果及参数设置

7.14.3 通道合成器

该特效可以通过指定某层的图像的颜色模式或通道、亮度、色相等信息来修改源图像，也可以直接通过模式的转换或通道、亮度、色相等的转换，来修改源图像。其修改可以通过"自"和"至"的对应关系来修改。应用该特效的参数设置及应用前后效果如图 7.217 所示。

图7.217　应用通道合成器特效的前后效果及参数设置

7.14.4 CC　Composite（CC 合成）

该特效可以通过与源图像合成的方式来对图像进行调节。应用该特效的参数设置及应用前后效果如图 7.218 所示。

图7.218　应用CC 合成特效的前后效果及参数设置

7.14.5 转换通道

该特效用来在本层的 RGBA 通道之间转换，主要对图像的色彩和亮暗产生效果，也可以消除某种颜色。应用该特效的参数设置及应用前后效果如图 7.219 所示。

图7.219　应用转换通道特效的前后效果及参数设置

7.14.6 反转

该特效可以将指定通道的颜色反转成相应的补色。应用该特效的参数设置及应用前后效果如图 7.220 所示。

图7.220　应用反转特效的前后效果及参数设置

7.14.7 固态层合成

该特效可以指定当前层的透明度，也可以指定一种颜色通过层模式和透明度的设置来合成图像。应用该特效的参数设置及应用前后效果如图

7.221 所示。

图7.221 应用固态层合成特效的前后效果及参数设置

7.14.8 混合

该特效将两个层中的图像按指定方式进行混合，以产生混合后的效果。该特效应用在位于上方的图像上，有时该层被称为特效层，让其与下方的图像（混合层）进行混合，构成新的混合效果。应用该特效的参数设置及应用前后效果如图7.222所示。

图7.222 应用混合特效的前后效果及参数设置

7.14.9 移除颜色遮罩

该特效用来消除或改变蒙版的颜色，常用于删除带有 Premultiplied Alpha 通道的蒙版颜色。应用该特效的参数设置及应用前后效果如图7.223 所示。该特效的参数"背景颜色"可以通过单击右侧的颜色块，打开拾色器来改变颜色，也可以利用吸管在图像中吸取颜色，以删除或修改蒙版中的颜色。

图7.223 应用移除颜色遮罩特效的前后效果及参数设置

7.14.10 算术

该特效利用对图像中的红、绿、蓝通道进行简单的运算，对图像色彩效果进行控制。应用该特效的参数设置及应用前后效果如图 7.224 所示。

图7.224 应用算术特效的前后效果及参数设置

7.14.11 计算

该特效与"混合"有相似之处，但比混合有更多的选项操作，通过通道和层的混合产生多种特效效果。应用该特效的参数设置及应用前后效果如图 7.225 所示。

图7.225 应用计算特效的前后效果及参数设置

7.14.12 设置通道

该特效可以复制其他层的通道到当前颜色通

道中。比如，从源层中选择某一层后，在通道中选择一个通道，就可以将该通道颜色应用到源层图像中。应用该特效的参数设置及应用前后效果如图 7.226 所示。

图7.226　应用设置通道特效的前后效果及参数设置

7.14.13　设置遮罩

该特效可以将其他图层的通道设置为本层的遮罩，通常用来创建运动遮罩效果。应用该特效的参数设置及应用前后效果如图 7.227 所示。

图7.227　应用设置遮罩特效的前后效果及参数设置

7.15　遮罩特效组

"遮罩"特效组包含"mocha shape（摩卡形状）""调整柔和遮罩""调整实边遮罩""简单阻塞工具""遮罩阻塞工具"5 种特效，利用蒙版特效可以将带有 Alpha 通道的图像进行收缩或描绘。

7.15.1　调整实边遮罩

该特效主要通过丰富的参数属性来调整蒙版与背景之间的衔接过渡，使画面过渡得更加柔和。该特效的参数设置及应用前后效果如图 7.228 所示。

图7.228　应用调整实边遮罩特效的前后效果及参数设置

7.15.2　调整柔和遮罩

该特效主要通过丰富的参数属性来调整蒙版与背景之间的衔接过渡，使画面过渡得更加柔和，应用该特效的参数设置及应用前后效果如图 7.229 所示。

图7.229　应用调整柔和遮罩特效的前后效果及参数设置

7.15.3 mocha shape（摩卡 形状）

该特效主要是为抠像层添加形状或颜色遮罩效果，以便对该遮罩做进一步动画抠像，应用该特效的参数设置及应用前后效果如图7.230所示。

图7.230 应用摩卡形状特效的前后效果及参数设置

7.15.4 简单阻塞工具

该特效与"蒙版阻塞"相似，只能作用于Alpha通道，使用增量缩小或扩大蒙版的边界，以此来创建蒙版效果。应用该特效的参数设置及

应用前后效果如图7.231所示。

图7.231 应用简单阻塞工具特效的前后效果及参数设置

7.15.5 遮罩阻塞工具

该特效主要用于对带有Alpha通道的图像控制，可以收缩和描绘Alpha通道图像的边缘，修改边缘的效果。应用该特效的参数设置及应用前后效果如图7.232所示。

图7.232 应用遮罩阻塞工具特效的前后效果及参数设置

7.16 音频特效组

音频特效组主要是对声音进行特效方面的处理，以此来制作不同效果的声音特效，如回声、降噪等。

7.16.1 调制器

该特效通过改变声音的变化频率和振幅来设置声音的颤音效果，参数设置面板如图7.233所示。

图7.233 "调制器"参数设置面板

7.16.2 倒放

该特效可以将音频素材进行倒带播放，即将音频文件从后往前播放，产生倒放效果，它没有

太多的参数设置，参数设置面板如图7.234所示。

图7.234 "倒放"参数设置面板

7.16.3 低音和高音

该特效可以将音频素材中的低音和高音部分的音频进行单独调整，将低音和高音中的音频增大或是降低，"低音和高音"参数设置面板如图7.235所示。

图7.235 "低音和高音"参数设置面板

7.16.4 参数均衡

　　该特效主要是用来精确调整一段音频素材的音调，而且还可以较好地隔离特殊的频率范围，强化或衰减指定的频率，对于增强音乐的效果特别有效。"参数均衡"参数设置面板如图7.236所示。

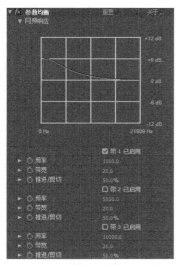

图7.236　"参数均衡"参数设置面板

7.16.5 变调与合声

　　该特效包括两个独立的音频效果——"变调""合声"。"变调"用来设置变调效果，通过拷贝失调的声音或者对原频率做一定的位移，通过对声音分离的时间和音调深度的调整，产生颤动、急促的声音；"合声"用来设置和声效果，可以为单个乐器或单个声音增加深度，听上去像是有很多声音混合，产生合唱的效果。"变调与合声"参数设置面板如图7.237所示。

图7.237　"变调与合声"参数设置面板

7.16.6 延迟

　　该特效可以设置声音在一定的时间后重复，制作出回声的效果，以添加音频素材的回声特效，"延迟"参数设置面板如图7.238所示。

图7.238　"延迟"参数设置面板

7.16.7 混响

　　该特效可以将一个音频素材制作出一种模仿室内播放音频声音的效果，"混响"参数设置面板如图7.239所示。

图7.239　"混响"参数设置面板

7.16.8 立体声混合器

　　该特效通过对一个层的音量大小和相位的调整，混合音频层上的左右声道，模拟左右立体声混音装置。"立体声混合器"参数设置面板如图7.240所示。

图7.240　"立体声混合器"参数设置面板

7.16.9 音调

　　该特效可以轻松合成固定音调，产生各种常见的科技声音，如隆隆声、铃声、警笛声和爆炸声等，可以通过修改5个音调产生和弦，以产生各种声音。"音调"参数设置面板如图7.241所示。

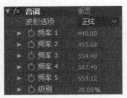

图7.241 "音调"参数设置面板

7.16.10 高通/低通

该特效通过设置一个音频值，只让高于或低

于这个频率的声音通过，这样，可以将不需要的低音或高音过滤掉。"高通/低通"参数设置面板如图 7.242 所示。

图7.242 "高通/低通"参数设置面板

7.17 颜色校正特效组

在图像处理过程中经常需要进行图像颜色调整工作，如调整图像的色彩、色调、明暗度及对比度等。下面将详细介绍有关图像颜色校正命令的使用方法。

7.17.1 三色调

该特效与 CC Toner（CC 调色）的应用方法相同。该特效的参数设置及应用前后效果如图 7.243 所示。

图7.243 应用三色调特效的前后效果及参数设置

7.17.2 通道混合器

该特效主要通过修改一个或多个通道的颜色值来调整图像的色彩。应用该特效的参数设置及应用前后效果如图 7.244 所示。

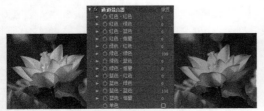

图7.244 应用通道混合器特效的前后效果及参数设置

7.17.3 阴影/高光

该特效用于对图像中的阴影和高光部分进行调整。应用该特效的参数设置及应用前后效果如图 7.245 所示。

图7.245 应用阴影/高光特效的前后效果及参数设置

7.17.4 CC Color Offset（CC 色彩偏移）

该特效主要是对图像的 Red（红）、Green（绿）、Blue（蓝）相位进行调节。应用该特效的参数设置及应用前后效果如图 7.246 所示。

图7.246 应用CC色彩偏移特效的前后效果及参数设置

7.17.5　CC Toner（CC调色）

该特效通过对图像的高光颜色、中间色调和阴影颜色的调节来改变图像的颜色。应用该特效的参数设置及应用前后效果如图 7.247 所示。

图7.247　应用CC调色特效的前后效果及参数设置

7.17.6　照片滤镜

该特效可以将图像调整成照片级别，以使其看上去更加逼真。该特效的参数设置及应用前后效果如图 7.248 所示。

图7.248　应用照片滤镜特效的前后效果及参数设置

7.17.7　PS任意映射

该特效应用在 Photoshop 的映像设置文件上，通过相位的调整来改变图像效果。该特效的参数设置及应用前后效果如图 7.249 所示。

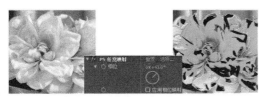

图7.249　应用PS任意映射特效的前后效果及参数设置

7.17.8　灰度系数/基值/增益

该特效可以对图像的各个通道值进行控制，以细致地改变图像的效果。应用该特效的参数设置及应用前后效果如图 7.250 所示。

图7.250　应用灰度系数/基值/增益特效的前后效果及参数设置

7.17.9　色调

该特效可以通过指定的颜色对图像进行颜色映射处理。应用该特效的参数设置及应用前后效果如图 7.251 所示。

图7.251　应用色调特效的前后效果及参数设置

7.17.10　色调均化

该特效可以通过色调均化中的RGB、"亮度"或 "Photoshop 样式"3 种方式对图像进行色彩补偿，使图像色阶平均化。应用该特效的参数设置及应用前后效果如图 7.252 所示。

图7.252　应用色调均化特效的前后效果及参数设置

7.17.11　色阶

该特效将输入、输出黑色，以及输入、输出白色和灰度系数等功能结合，对图像进行明度、阴暗层次和中间色彩的调整。该特效的参数设置及应用前后效果如图 7.253 所示。

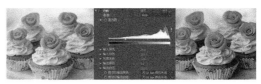

图7.253　应用色阶特效的前后效果及参数设置

练习7-10 利用"色阶"校正颜色 重点

难 度: ★★
工程文件:第 7 章 \ 练习 7-10\ 校正颜色 .aep
在线视频:第 7 章 \ 练习 7-10 利用"色阶"校正颜色 .avi

01 执行菜单栏中的"文件"|"打开项目"命令,选择"校正颜色练习.aep"文件,将文件打开。

02 在时间线面板中,选择"图"层,按Ctrl+D组合键复制出另一个新的图层,将该图层重命名为"图2"。

03 为"图2"层添加"色阶"特效。在"效果和预设"面板中展开"颜色校正"特效组,然后双击"色阶"特效。

04 在"效果控件"面板中,修改"色阶"特效的参数,设置"输入黑色"的值为56,"输入白色"的值为240,如图7.254所示。合成窗口效果如图7.255所示。

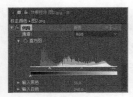 

图7.254 设置参数　　　　图7.255 设置后效果

05 在时间线面板中,将时间调整到00:00:00:00帧的位置,选择"图2"层,在工具栏中选择"矩形工具"█,如图7.256所示。在图层上绘制一个长方形路径,按M键打开"蒙版路径"属性,单击"蒙版路径"左侧的码表█按钮,在当前位置设置关键帧。

06 将时间调整到00:00:02:00帧的位置,选择左侧的路径锚点并向右拖动,系统会自动设置关键帧,如图7.257所示。

图7.256 绘制矩形路径　　　图7.257 设置后效果

07 这样就完成了动画的整体制作,按小键盘上的"0"键,即可在合成窗口中预览动画。

7.17.12 色阶(单独控件)

该特效与"色阶"应用方法相同,只是在控制图像的亮度、对比度和伽马值时,对图像的通道进行单独的控制,更细化了控制的效果。该特效的参数设置及应用前后效果如图 7.258 所示。

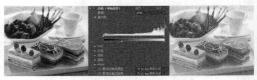

图7.258 应用色阶特效的前后效果及参数设置

7.17.13 色光

该特效可以将色彩以自身为基准按色环颜色变化的方式周期变化,产生梦幻彩色色光的填充效果。应用该特效的参数设置及应用前后效果如图 7.259 所示。

图7.259 应用色光特效的前后效果及参数设置

7.17.14 色相/饱和度

该特效可以控制图像的色彩和色彩的饱和度,还可以将多彩的图像调整成单色画面效果,做成单色图像。该特效的参数设置及应用前后效果如图 7.260 所示。

图7.260 应用色相/饱和度特效的前后效果及参数设置

7.17.15 广播颜色

该特效主要对影片像素的颜色值进行测试，因为在计算机上播放与电视上播放色彩显示本就有很大的差别，电视设备仅能表现某个幅度以下的信号。使用该特效就可以测试影片的亮度和饱和度是否在某个幅度以下的信号安全范围内，以免产生不理想的电视画面效果。应用该特效的参数设置及应用前后效果如图 7.261 所示。

图7.261　应用广播颜色特效的前后效果及参数设置

7.17.16 亮度和对比度

该特效主是对图像的亮度和对比度进行调节。应用该特效的参数设置及应用前后效果如图 7.262 所示。

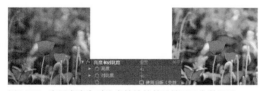

图7.262　应用亮度和对比度特效的前后效果及参数设置

7.17.17 保留颜色

该特效可以通过设置颜色来指定图像中保留的颜色，将其他的颜色转换为灰度效果。为了突出紫色的花朵，将保留颜色设置为花朵的紫色，而其他颜色就转换成了灰度效果。该特效的参数设置及应用前后效果如图 7.263 所示。

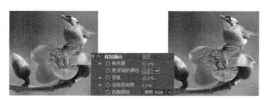

图7.263　应用保留颜色特效的前后效果及参数设置

7.17.18 可选颜色

该特效可对图像中的只等颜色进行校正，以调整图像中不平衡的颜色，其最大的好处就是可以单独调整某一种颜色，而不影响其他颜色，如图 7.264 所示。

图7.264　应用可选颜色特效的前后效果及参数设置

7.17.19 曝光度

该特效用来调整图像的曝光程度，可以通过通道的选择来设置图像曝光的通道。应用该特效的参数设置及应用前后效果如图 7.265 所示。

图7.265　应用曝光度特效的前后效果及参数设置

7.17.20 曲线

该特效可以通过调整曲线的弯曲度或复杂度，来调整图像的亮区和暗区的分布情况。应用该特效的参数设置及应用前后效果如图 7.266 所示。

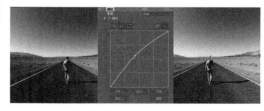

图7.266　应用曲线特效的前后效果及参数设置

7.17.21 更改为颜色

该特效通过颜色的选择可以将一种颜色直接改变为另一颜色，在用法上与"更改颜色"特效有很大的相似之处。应用该特效的参数设置及应用前后效果如图 7.267 所示。

图7.267　应用更改为颜色特效的前后效果及参数设置

利用"更改为颜色"改变影片颜色 重点

难　　度：★
工程文件：第 7 章 \ 练习 7-11 改变影片颜色 .aep
在线视频：第 7 章 \ 练习 7-11 利用"更改为颜色"改变影片颜色 .avi

01 执行菜单栏中的"文件"|"打开项目"命令，选择"改变影片颜色练习.aep"文件，将文件打开。

02 为"动画学院大讲堂.mov"层添加特效。在"效果和预设"面板中展开"颜色校正"特效组，然后双击"更改为颜色"特效。

03 在"效果控件"面板中，修改"更改为颜色"特效的参数，设置"自"为蓝色（R：0；G：55；B：235），如图7.268所示。合成窗口效果如图7.269所示。

图7.268　设置参数

图7.269　设置后效果

04 这样就完成了动画的整体制作，按小键盘上的"0"键，即可在合成窗口中预览动画。

7.17.22　更改颜色

该特效可以通过"更改颜色"右侧的色块或吸管来设置图像中的某种颜色，然后通过色相、饱和度和亮度等对图像进行颜色的改变。

应用该特效的参数设置及应用前后效果如图7.270 所示。

图7.270　应用更改颜色特效的前后效果及参数设置

7.17.23　自然饱和度

该特效在调节图像饱和度的时候会保护已经饱和的像素，即在调整时会大幅增加不饱和像素的饱和度，而对已经饱和的像素只做很少、很细微的调整，这样不但能够增加图像某一部分的色彩，而且还能使整幅图像饱和度正常，如图 7.271 所示。

图7.271　应用自然饱和度特效的前后效果及参数设置

7.17.24　自动色阶

该特效对图像进行自动色阶的调整，如果图像值和自动色阶的值相近，应用该特效后图像变化效果较小。应用该特效的参数设置及应用前后效果如图 7.272 所示。该特效的各项参数含义与自动色彩的参数含义相同，这里不再赘述。

图7.272　应用自动色阶特效的前后效果及参数设置

7.17.25　自动对比度

该特效将对图像的自动对比度进行调整，

如果图像值和自动对比度的值相近，应用该特效后图像变化效果较小。应用该特效的参数设置及应用前后效果如图 7.273 所示。该特效的各项参数含义与自动色彩的参数含义相同，这里不再赘述。

图7.273　应用自动对比度特效的前后效果及参数设置

7.17.26　自动颜色

该特效将对图像进行自动色彩的调整，图像值如果和自动色彩的值相近，图像应用该特效后变化效果较小。应用该特效的参数设置及应用前后效果如图 7.274 所示。

图7.274　应用自动颜色特效的前后效果及参数设置

7.17.27　颜色稳定器

该特效通过选择不同的稳定方式，然后在指定点通过区域添加关键帧对色彩进行设置。应用该特效的参数设置及应用前后效果如图 7.275 所示。

图7.275　应用颜色稳定器特效的前后效果及参数设置

7.17.28　颜色平衡

该特效通过调整图像暗部、中间色调和高光的颜色强度来调整素材的色彩均衡。应用该特效的参数设置及应用前后效果如图 7.276

所示。

图7.276　应用颜色平衡特效的前后效果及参数设置

7.17.29　颜色平衡（HLS）

该特效与"颜色平衡"很相似，不同的是该特效不是调整图像的 RGB 而是 HLS，即调整图像的色相、亮度和饱和度各项参数，以改变图像的颜色。应用该特效的参数设置及应用前后效果如图 7.277 所示。

图7.277　应用颜色平衡（HLS）特效的前后效果及参数设置

7.17.30　颜色链接

该特效将当前图像的颜色信息覆盖在当前层上，以改变当前图像的颜色，通过透明度的修改，可以使图像有透过玻璃看画面的效果。应用该特效的参数设置及应用前后效果如图 7.278 所示。

图7.278　应用颜色链接特效的前后效果及参数设置

7.17.31　黑色和白色

该特效主要用来处理各种黑白图像，创建各种风格的黑白效果，且可编辑性很强，还可以通过简单的色调应用，将彩色图像或灰度图像处理成单色图像，如图 7.279 所示。

图7.279 应用黑色和白色特效的前后效果及参数设置

练习7-12 利用"黑色和白色"制作 黑白图像**重点**

难　度：★ ★
工程文件：第 7 章 \ 练习 7-12\ 黑白图像 .aep
在线视频：第 7 章 \ 练习 7-12 利用"黑色和白色"制作黑白图像 .avi

01 执行菜单栏中的"文件"|"打开项目"命令，选择"黑白图像练习.aep"文件，将文件打开。

02 为"风景2.jpg"层添加特效。在"效果和预设"面板中展开"颜色校正"特效组，然后双击"黑色和白色"特效。

03 在时间线面板中，选中"风景2.jpg"层，在工具栏中选择"矩形工具"■，绘制一个矩形路径，设置"蒙版羽化"的值为（120，120）。将时间调整到00:00:00:00帧的位置，单击"蒙版路径"左侧的码表◎按钮，在当前位置设置关键帧，如图7.280所示。

04 将时间调整到00:00:01:24帧的位置，选择左侧的两个锚点并向右拖动，系统会自动设置关键帧，如图7.281所示。

图7.280 关键帧前

图7.281 关键帧后

05 这样就完成了动画的整体制作，按小键盘上的"0"键，即可在合成窗口中预览动画。

7.18 风格化特效组

"风格化"特效组主要模仿各种绘画技巧，使图像产生丰富的视觉效果，各种特效的应用方法和含义如下。

7.18.1 阈值

该特效可以将图像转换成高对比度的黑白图像效果，并通过级别的调整来设置黑白所占的比例。应用该特效的参数设置及应用前后效果如图7.282 所示。

图7.282 应用阈值特效的前后效果及参数设置

7.18.2 画笔描边

该特效对图像应用画笔描边效果，使图像产生一种类似画笔绘制的效果。应用该特效的参数设置及应用前后效果如图 7.283 所示。

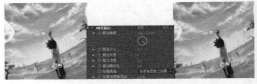
图7.283 应用画笔描边特效的前后效果及参数设置

7.18.3 卡通

该特效通过填充图像中的物体，从而产生卡

通效果。应用该特效的参数设置及应用前后效果如图 7.284 所示。

图7.284　应用卡通特效的前后效果及参数设置

7.18.4　散布

该特效可以将图像分离成颗粒状，产生分散效果。应用该特效的参数设置及应用前后效果如图 7.285 所示。

图7.285　应用散布特效的前后效果及参数设置

7.18.5　CC Burn Film（CC 燃烧效果）

该特效可以模拟火焰燃烧时边缘变化的效果，从而使图像消失。应用该特效的参数设置及应用前后效果如图 7.286 所示。

图7.286　应用CC 燃烧效果的前后效果及参数设置

7.18.6　CC Glass（CC 玻璃）

该特效通过查找图像中物体的轮廓，从而产生玻璃凸起的效果。应用该特效的参数设置及应用前后效果如图 7.287 所示。

图7.287　应用CC 玻璃特效的前后效果及参数设置

7.18.7　CC Kaleida（CC 万花筒）

该特效可以将图像进行不同角度的变换，使画面产生各种不同的图案。应用该特效的参数设置及应用前后效果如图 7.288 所示。

图7.288　应用CC 万花筒特效的前后效果及参数设置

练习7-13 利用"CC 万花筒"制作万花筒效果 **重点**

难　度：★
工程文件：第 7 章 \ 练习 7-13\ 万花筒动画 .aep
在线视频：第 7 章 \ 练习 7-13 利用"CC 万花筒"制作万花筒效果 .avi

01 执行菜单栏中的"文件"|"打开项目"命令，选择"万花筒动画练习.aep"文件，将文件打开。

02 为"花.jpg"层添加"CC Kaleida（CC 万花筒）"特效。在"效果和预设"面板中展开"风格化"特效组，然后双击"CC Kaleida（CC 万花筒）"特效。

03 将时间调整到00:00:00:00帧的位置，在"效果控件"面板中，修改"CC Kaleida（CC 万花筒）"特效的参数，设置"Size（大小）"的值为20，"旋转"的值为0，单击"Size（大小）"和"旋转"左侧的码表按钮，在当前位置设置关键帧。

04 将时间调整到00:00:02:24帧的位置，设置"Size（大小）"的值为37，"Rotation（旋转）"的值为212，系统会自动设置关键帧，如图7.289所示。合成窗口效果如图7.290所示。

图7.289 设置参数　　　　　　　图7.290 设置后效果

05 这样就完成了动画的整体制作，按小键盘上的"0"键，即可在合成窗口中预览动画。完成后的动画流程画面如图7.291所示。

图7.291　动画流程画面

7.18.8 CC Mr.Smoothie（CC 平滑）

该特效应用通道来设置图案变化，通过相位的调整来改变图像效果。该特效的参数设置及应用前后效果如图7.292所示。

图7.292　应用CC 平滑特效的前后效果及参数设置

7.18.9 CC RepeTile（CC 边缘拼贴）

该特效可以将图像的边缘进行水平和垂直的拼贴，产生类似边框的效果。应用该特效的参数设置及应用前后效果如图7.293所示。

图7.293　应用CC边缘拼贴特效的前后效果及参数设置

7.18.10 CC Threshold（CC 阈值）

该特效可以将图像转换成高对比度的黑白图像效果，并通过级别的调整来设置黑、白所占的比例。应用该特效的参数设置及应用前后效果如图7.294所示。

图7.294　应用CC 阈值特效的前后效果及参数设置

7.18.11 CC Threshold RGB（CC 阈值RGB）

该特效只对图像的RGB通道进行运算填充。应用该特效的参数设置及应用前后效果如图7.295所示。

图7.295　应用CC 阈值 RGB特效的前后效果及参数设置

7.18.12 彩色浮雕

该特效通过锐化图像中物体的轮廓，从而产生彩色的浮雕效果。应用该特效的参数设置及应用前后效果如图7.296所示。

图7.296　应用彩色浮雕特效的前后效果及参数设置

7.18.13　马赛克

该特效可以将画面分成若干的网格，每一格都用本格内所有颜色的平均色进行填充，使画面产生分块式的马赛克效果。应用该特效的参数设置及应用前后效果如图 7.297 所示。

图7.297　应用马赛克特效的前后效果及参数设置

7.18.14　浮雕

该特效与"彩色浮雕"的效果相似，只是产生的图像浮雕为灰色，没有丰富的彩色效果。它们的各项参数都相同，这里不再赘述。应用该特效的参数设置及应用前后效果如图 7.298 所示。

图7.298　应用浮雕特效的前后效果及参数设置

7.18.15　色调分离

该特效可以将图像中的颜色信息减小，产生颜色的分离效果，可以模拟手绘效果。应用该特效的参数设置及应用前后效果如图 7.299 所示。

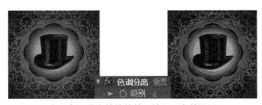

图7.299　应用色调分离特效的前后效果及参数设置

7.18.16　动态拼贴

该特效可以将图像进行水平和垂直的拼贴，产生类似在墙上贴瓷砖的效果。应用该特效的参数设置及应用前后效果如图 7.300 所示。

图7.300　应用动态拼贴特效的前后效果及参数设置

7.18.17　发光

该特效可以寻找图像中亮度较高的区域，然后对其周围的像素进行加亮处理，从而产生发光效果。应用该特效的参数设置及应用前后效果如图 7.301 所示。

图7.301　应用发光特效的前后效果及参数设置

7.18.18　查找边缘

该特效可以对图像的边缘进行勾勒，从而使图像产生类似素描或底片效果。应用该特效的参数设置及应用前后效果如图 7.302 所示。

图7.302　应用查找边缘特效的前后效果及参数设置

练习7-14 利用"查找边缘"制作水墨画

难　度：	★★
工程文件：第 7 章\ 练习 7-14\ 水墨画效果 .aep	
在线视频 第 7 章\练习 7-14利用"查找边缘"制作水墨画 .avi	

01 执行菜单栏中的"文件"|"打开项目"命令，选择"水墨画效果练习.aep"文件，将文件打开。

02 选中"山"层，将时间调整到00:00:00:00帧的位置，按P键打开"位置"属性，设置"位置"数值为（556，240），单击"位置"左侧的码表 按钮，在当前位置设置关键帧。

03 将时间调整到00:00:02:00帧的位置，设置"位置"数值为（293，240），系统会自动设置关键帧，如图7.303所示。

图7.303 设置位置关键帧

04 为"山"层添加特效。在"效果和预设"面板中展开"风格化"特效组，然后双击"查找边缘"特效。

05 为"山"层添加特效。在"效果和预设"面板中展开"颜色校正"特效组，然后双击"色调"特效。

06 在"效果控件"面板中，修改"色调"特效的参数，设置"将黑色映射到"为棕色（R：61；G：28；B：28），"着色数量"的值为77%，如图7.304所示。合成窗口效果如图7.305所示，

图7.304 设置参数　　　　图7.305 设置后效果

07 选中"诗.png"层，按S键打开"缩放"属性，设置"缩放"的值为（55，55）；在工具栏中选择"矩形工具" ，绘制一个矩形路径，按F键打开"蒙版羽化"的值为（50，50）；将时间调整到00:00:00:00帧的位置，按M键打开"蒙版路径"属性，单击"蒙版路径"左侧的码表 按钮，在当前位置设置关键帧，如图7.306所示。

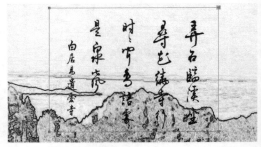

图7.306 设置0秒蒙版形状

08 将时间调整到00:00:01:14帧的位置，将矩形左侧的两个锚点选中向右拖动，系统会自动设置关键帧，如图7.307所示。

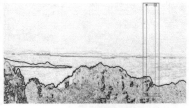

图7.307 设置1秒14帧蒙版形状

09 这样就完成了动画的整体制作，按小键盘上的"0"键，即可在合成窗口中预览动画。完成后的动画流程画面。如图7.308所示。

图7.308 动画流程画面

7.18.19 毛边

　　该特效可以将图像的边缘粗糙化，制作出一种粗糙效果。应用该特效的参数设置及应用前后效果如图7.309所示。

图7.309 应用毛边特效的前后效果及参数设置

7.18.20 纹理化

该特效可以在一个素材上显示另一个素材的纹理。应用时将两个素材放在不同的层上，两个相邻层的素材必须在时间上有重合的部分，在重合的部分就会产生纹理效果。应用该特效的参数设置及应用前后效果如图 7.310 所示。

图7.310　应用纹理化特效的前后效果及参数设置

7.18.21 闪光灯

该特效可以模拟相机的闪光灯效果，使图像自动产生闪光动画效果，这在视频编辑中经常使用。应用该特效的参数设置及应用前后效果如图 7.311 所示。

图7.311　应用闪光灯特效的前后效果及参数设置

7.19 知识总结

本章主要对 After Effects 的"3D 通道""实用工具""扭曲""文本""时间""杂色和颗粒""模糊和锐化""生成""过时""过渡""透视""通道""遮罩""音频""风格化""颜色校正"特效进行讲解。

7.20 拓展训练

本章通过 3 个拓展练习，对内置特效的使用深入了解，掌握其应用方法和技巧，以便日后在动画制作中更好地使用。

训练7-1 利用"CC 镜头"制作水晶球

◆实例分析

本例主要讲解利用 CC Lens（CC 镜头）特效制作水晶球效果，通过本例的制作，掌握 CC Lens（CC 镜头）特效的使用方法。完成后的动画流程画面如图 7.312 所示。

难　度：★ ★
工程文件：第 7 章 \ 训练 7-1\ 水晶球 .aep
在线视频：第 7 章 \ 训练 7-1利用 "CC 镜头" 制作水晶球 .avi

图7.312　动画流程画面

◆本例知识点

1."位置"属性
2.CC Lens（CC 镜头）

训练7-2　利用"CC 卷页"制作卷页效果

◆实例分析

　　本例主要讲解利用 CC Page Turn（CC 卷页）特效制作卷页效果，通过本例的制作，掌握 CC Page Turn（CC 卷页）特效的使用。完成的动画流程画面如图 7.313 所示。

难　度：★★
工程文件：第 7 章 \ 训练 7-2\ 卷页效果 .aep
在线视频：第 7 章 \ 训练 7-2 利用"CC 卷页"制作卷页效果 .avi

图7.313　动画流程画面

◆本例知识点

CC Page Turn（CC 卷页）

训练7-3　利用"径向擦除"制作笔触擦除动画

◆实例分析

　　本例主要讲解利用"径向擦除"特效制作路笔触擦除动画效果，通过本例的制作，掌握"径向擦除"特效的使用技巧。完成后的动画流程画面如图 7.314 所示。

难　度：★★
工程文件：第 7 章\训练 7-3\ 笔触擦除动画 .aep
在线视频：第 7 章\训练 7-3 利用"径向擦除"制作笔触擦除动画 .avi

图7.314　动画流程画面

◆本例知识点

"径向擦除"

第 **8** 章

动画的渲染与输出

本章主要讲解动画的渲染与输出。在影视动画的
制作过程中，渲染是经常要用到的。一部制作完
成的动画，要按照需要的格式渲染输出，制作成
电影成品。渲染及输出的时间长度与影片的长度、
内容的复杂、画面的大小等方面有关，不同的影
片输出有时需要的时间相差很大。本章讲解影片
的渲染和输出的相关设置。

教学目标
了解视频压缩的类别和方式
了解常见图像格式和音频格式的含义
学习渲染队列窗口的参数含义及使用
学习渲染模板和输出模块的创建
掌握常见动画及图像格式的输出

8.1 认识数字视频的压缩

数字视频的压缩非常重要，下面讲解压缩的类别和压缩的方式。

8.1.1 压缩的类别

视频压缩是视频输出工作中不可缺少的一部分。由于计算机硬件和网络传输速率的限制，在存储或传输视频时会出现文件过大的情况，为了避免这种情况，在输出文件时就会选择合适的方式对文件进行压缩。压缩就是将视频文件的数据信息通过特殊的方式进行重组或删除，以减小文件大小的过程。压缩可以分为4种。

- **软件压缩**：通过计算机安装的压缩软件来压缩，这是使用较为普遍的一种压缩方式。
- **硬件压缩**：通过安装一些配套的硬件压缩卡来完成，它具有比软件压缩更高的效率，但成本较高。
- **有损压缩**：在压缩的过程中，为了使文件占有更小的空间，将素材进行压缩，会丢失一部分数据或画面色彩。这种压缩可以得到更小的压缩文件，但会牺牲更多的文件信息。
- **无损压缩**：与有损压缩相反，在压缩过程中，不会丢失数据，但压缩的程度一般较小。

8.1.2 压缩的方式

压缩不是单纯地为了减少文件的大小，而是要在保证画面清晰的同时实现文件的压缩，不能只管压缩而不计损失，要根据文件的类别来选择合适的压缩方式。常用的视频和音频压缩方式有以下几种。

- Microsoft Video 1
  这种针对模拟视频信号进行压缩，是一种有损压缩方式。支持8位或16位的影像深度，适用于Windows平台。
- IntelIndeo（R）Video R3.2

这种方式适合制作在CD-ROM中播放的24位的数字电影，和Microsoft Video 1相比，它能得到更高的压缩比和质量及更快的回放速度。

- DivX MPEG-4(Fast-Motion) 和DivX MPEG-4(Low-Motion)
  这两种压缩方式是After Effects增加的算法，它们压缩基于DivX播放的视频文件。
- Cinepak Codec by Radius
  这种压缩方式可以压缩彩色或黑白图像，适合压缩24位的视频信号，制作用于CD-ROM播放或网上发布的文件。与其他压缩方式相比，利用它可以获得更高的压缩比和更快的回放速度，但压缩速度较慢，而且只适用于Windows平台。
- Microsoft RLE
  这种方式适合压缩具有大面积色块的影像素材，如动画或计算机合成图像等。它使用RLE(Spatial 8-bit run-length encoding)方式进行压缩，是一种无损压缩方案，适用于Windows平台。
- Intel Indeo5.10
  这种方式适用于所有基于MMX技术或Pentium III以上处理器的计算机。它具有快速的压缩选项，并可以灵活设置关键帧，具有很好的回访效果，适用于Windows平台，作品适于网上发布。
- MPEG
  它的英文全称为Moving Picture Expert Group，即运动图像专家组格式，家里常看的VCD、SVCD、DVD就是这种格式。MPEG文件格式是运动图像压缩算法的国际标准，它采用了有损压缩方法减少运动图像中的冗余信息，也就是MPEG的压缩方法的依据是相邻两幅画面绝大多数是相同的，把后续图像中和前面图像有冗余的部分去除，从而达到压缩的目的(其最大压缩比可达到200：1)。目前MPEG格式有三个压缩标准，分别是MPEG-1、MPEG-2和MPEG-4。

除此之外，还有很多其他方式，如 Planar RGB、Cinepak、Graphics、 Motion JPEG A 和 Motion JPEG B、 DV NTSC 和 DV PAL、 Sorenson、Photo-JPEG、H.263 、Animation、 None 等。

常见图像格式

图像格式是指计算机表示、存储图像信息的格式。常用的格式有十多种。同一幅图像可以使用不同的格式来存储，不同的格式之间所包含的图像信息并不完全相同，文件大小也有很大的差别，用户在使用时可以根据自己的需要选用适当的格式。After Effects 支持许多文件格式，下面是常见的几种。

8.2.1 静态图像格式

1. PSD格式

这是著名的 Adobe 公司的图像处理软件 Photoshop 的专用格式 Photoshop Document （PSD）。PSD 其实是 Photoshop 进行平面设计的一张"草稿图"，其中包含有图层、通道、透明度等多种设计的样稿，以便于下次打开时可以修改上一次的设计。在 Photoshop 支持的各种图像格式中，PSD 的存取速度比其他格式快很多，功能也很强大。由于 Photoshop 越来越广泛地被应用，所以我们有理由相信，这种格式也会逐步流行起来。

2. BMP格式

它是标准的 Windows 及 OS|2 的图像文件格式，是英文 Bitmap（位图）的缩写，Microsoft 的 BMP 格式是专门为"画笔"和"画图"程序建立的。这种格式支持 1~24 位颜色深度，使用的颜色模式有 RGB、索引颜色、灰度和位图等，且与设备无关。但因为这种格式的特点是包含图像信息较丰富，几乎不对图像进行压缩，所以导致了它与生俱来的缺点——占用磁盘空间过大。正因为如此，目前 BMP 在单机上比较流行。

3. GIF格式

这种格式是由 CompuServe 提供的一种图像格式。由于 GIF 格式可以使用 LZW 方式进行压缩，所以它被广泛用于通信领域和 HTML 网页文档中。不过，这种格式只支持 8 位图像文件。当选用该格式保存文件时，会自动转换成索引颜色模式。

4. JPEG格式

JPEG 是一种带压缩的文件格式，其压缩率是目前各种图像文件格式中最高的。但是，JPEG 在压缩时存在一定程度的失真，因此，在制作印刷制品时最好不要用这种格式。JPEG 格式支持 RGB、CMYK 和灰度颜色模式，但不支持 Alpha 通道。它主要用于图像预览和制作 HTML 网页。

5. TIFF

TIFF 是 Aldus 公司专门为苹果电脑设计的一种图像文件格式，可以跨平台操作。TIFF 格式的出现是为了便于应用软件之间进行图像数据的交换，其全名是"Tagged 图像 文件 格式"（标志图像文件格式）。因此 TIFF 文件格式的应用非常广泛，可以在许多图像软件之间转换。TIFF 格式支持 RGB、CMYK、Lab、Indexed~颜色、位图模式和灰度色彩模式，并且在 RGB、CMYK 和灰度三种颜色模式中还支持使用 Alpha 通道。TIFF 格式独立于操作系统和文件，它对 PC 机和 Mac 机一视同仁，大多数扫描仪都输出 TIFF 格式的图像文件。

6. PCX

PCX 文件格式是由 Zsoft 公司在 20 世纪 80 年代初期设计的，当时专用于存储该公司开发的 PC Paintbrush 绘图软件所生成的图像画面数据，后来成为 MS – DOS 平台下常用的格式。在 DOS 系统时代，这一平台下的绘图、排版软件都用 PCX 格式。进入 Windows 操作系统后，现在它已经成为 PC 机上较为流行的图像文件格式。

8.2.2 视频格式

1. AVI格式

它是 Video for Windows 的视频文件的存储格式，它播放的视频文件的分辨率不高，帧频率小于 25 帧/秒（PAL 制）或者 30 帧/秒（NTSC）。

2. MOV

MOV 原来是苹果公司开发的专用视频格式，后来移植到 PC 机上使用。与 AVI 一样属于网络上的视频格式之一，在 PC 机上没有 AVI 普及，因为播放它需要专门的软件 QuickTime。

3. RM

它常用于网络实时播放，其压缩比较大，视频和声音都可以压缩进 RM 文件里，并可用 RealPlay 播放。

4. MPG

它是压缩视频的基本格式，如 VCD 碟片。其压缩方法是将视频信号分段取样，然后忽略相邻各帧不变的画面，而只记录变化了的内容，因此其压缩比很大，这可以从 VCD 和 CD 的容量看出来。

5. DV文件

After Effects 支持 DV 格式的视频文件。

8.2.3 音频的格式

1. MP3格式

MP3 是现在非常流行的音频格式之一。它是将 WAV 文件以 MPEG2 的多媒体标准进行压缩，压缩后的体积只有原来的 1/10 甚至 1/15，而音质能基本保持不变。

2. WAV格式

它是 Windows 记录声音所用的文件格式。

3. MP4格式

它是在 MP3 基础上发展起来的，其压缩比高于 MP3。

4. MID格式

这种文件又叫 MIDI 文件，它们的体积都很小，一首十多分钟的音乐只有几十 KB。

5. RA格式

它的压缩比大于 MP3，而且音质较好，可用 RealPlay 播放 RA 文件。

8.3 渲染工作区的设置

制作完成一部影片，最终需要将其渲染；而有些渲染的影片并不一定是整个工作区的影片，有时只需要渲染出其中的一部分，这就需要设置渲染工作区。

渲染工作区位于时间线窗口中，由"工作区域开头"和"工作区域结尾"两点控制渲染区域，如图 8.1 所示。

图8.1　渲染区域

8.3.1　手动调整渲染工作区 （重点）

手动调整渲染工作区的操作方法很简单，只需要将开始和结束工作区的位置进行调整，就可以改变渲染工作区，具体操作如下：

01 在时间线窗口中，将鼠标光标放在"工作区域开头"位置，当光标变成 双箭头时按住鼠标左键向左或向右拖动，即可修改开始工作区的位置，操作方法如图8.2所示。

图8.2　调整开始工作区

02 同样的方法，将鼠标光标放在"工作区域结尾"位置，当光标变成 双箭头时按住鼠标左键向左或向右拖动，即可修改结束工作区的位置，如图8.3所示。调整完成后，渲染工作区即被修改，这样在渲染时，就可以通过设置渲染工作区来渲染工作区内的动画。

图8.3　调整结束工作区

8.3.2　利用快捷键调整渲染工作区 （重点）

除了前面讲过的手动调整渲染工作区的方法，还可以利用快捷键来调整渲染工具区，具体操作如下。

01 在时间线窗口中，拖动时间滑块到需要的时间位置，确定开始工作区时间位置，然后按"B"键，即可将开始工作区调整到当前位置。

02 在时间线窗口中，拖动时间滑块到需要的时间位置，确定结束工作区时间位置，然后按"N"键，即可将结束工作区调整到当前位置。

8.4　渲染队列窗口的启用

要进行影片的渲染，首先要启动渲染队列窗口，启动后的"渲染队列"窗口如图 8.4 所示。可以通过两种方法来快速启动渲染队列窗口。

- **方法1**：在"项目"面板中，选择某个合成文件，按Ctrl + M组合键，即可启动渲染队列窗口。
- **方法2**：在"项目"面板中，选择某个合成文件，然后执行菜单栏中的"合成"|"添加到渲染队列"命令，或按"Ctrl + Shift + /"组合键，即可启动渲染队列窗口。

图8.4 "渲染队列"窗口

8.5 渲染队列窗口参数详解

在After Effects软件中，渲染影片主要应用渲染队列窗口，它是渲染输出的重要部分，通过它可以全面地进行渲染设置。

渲染队列窗口可细分为3个部分，包括"当前渲染""渲染组"和"所有渲染"。下面将详细讲述渲染队列窗口的参数含义。

8.5.1 当前渲染

"当前渲染"区显示了当前渲染的影片信息，包括渲染的名称、用时、渲染进度等信息，如图8.5所示。

图8.5 "当前渲染"区

"当前渲染"区参数含义如下。

- **"正在渲染1/1"**：显示当前渲染的影片名称。
- **"已用时间"**：显示渲染影片已经使用的时间。
- **"渲染"按钮**：单击该按钮，即可进行影片的渲染。
- **"暂停"按钮**：在影片渲染过程中，单击该按钮，可以暂停渲染。
- **"继续"按钮**：单击该按钮，可以继续渲染影片。
- **"停止"按钮**：在影片渲染过程中，单击该按钮，将结束影片的渲染。

提示

在渲染过程中，可以单击"暂停"按钮和"继续"按钮转换。

展开"当前渲染"左侧的灰色三角形按钮，会显示"当前渲染"的详细资料，包括正在渲染的合成名称、正在渲染的层、影片的大小、输出影片所在的磁盘位置等资料，如图8.6所示。

图8.6 "当前渲染"

"当前渲染"展开区参数含义如下。

- **"合成"**：显示当前正在渲染的合成项目名称。
- **"图层"**：显示当前合成项目中，正在渲染的层。
- **"阶段"**：显示正在被渲染的内容，如特效、合成等。
- **"上次"**：显示最近几秒时间。
- **"差值"**：显示最近几秒时间中的差额。

- "平均"：显示时间的平均值。
- "文件名"：显示影片输出的名称及文件格式。如"旋转动画.avi"，其中，"旋转动画"为文件名，".avi"为文件格式。
- "文件大小"：显示当前已经输出影片的文件大小。
- "最终估计文件大小"：显示估计完成影片的最终文件大小。
- "可用磁盘空间"：显示当前输出影片所在磁盘的剩余空间大小。
- "溢出"：显示溢出磁盘的大小。当最终文件大小大于磁盘剩余空间时，这里将显示溢出大小。
- "当前磁盘"：显示当前渲染影片所在的磁盘分区位置。

8.5.2 渲染组

渲染组显示了要进行渲染的合成列表，并显示了渲染的合成名称、状态、渲染时间等信息，并可通过参数修改渲染的相关设置，如图8.7所示。

图8.7　渲染组

1. 渲染组合成项目的添加

要想进行多影片的渲染，就需要将影片添加到渲染组中，渲染组合成项目的添加有3种方法，具体操作如下。

- 方法1：在"项目"面板中，选择一个合成文件，然后按Ctrl + M组合键。
- 方法2：在"项目"面板中，选择一个或多个合成文件，然后执行菜单栏中的"合成"|"添加到渲染队列"命令。
- 方法3：在"项目"面板中，选择一个或多个合成文件直接拖动到渲染组队列中，操作效果如图8.8所示。

图8.8　添加合成项目

2. 渲染组合成项目的删除

渲染组队列中，有些合成项目不再需要，此时就需要将该项目删除，合成项目的删除有两种方法，具体操作如下。

- 方法1：在渲染组中，选择一个或多个要删除的合成项目（这里可以使用Shift和Ctrl键来多选），然后执行菜单栏中的"编辑"|"清除"命令。
- 方法2：在渲染组中，选择一个或多个要删除的合成项目，然后按Delete键。

3. 修改渲染顺序

如果有多个渲染合成项目，系统默认是从上向下依次渲染影片，如果想修改渲染的顺序，可以将影片进行位置的移动，移动方法如下。

01 在渲染组中，选择一个或多个合成项目。

02 按住鼠标左键拖动合成到需要的位置，当有一条粗黑的长线出现时，释放鼠标即可移动合成位置，操作方法如图8.9所示。

图8.9　移动合成位置

4. 渲染组标题的参数含义

渲染组标题内容丰富，包括渲染、标签、序号、合成名称和状态等，对应的参数含义如下。

- "渲染"：设置影片是否参与渲染。在影片没有渲染前，每个合成的前面，都有一个█复选框标记，勾选该复选框☑，表示该影片参与渲染，在单击"渲染"按钮后，影片会按从上向下的顺序进行逐一渲染。如果某个影片没有勾选，则不进行渲染。
- ◆ "标签"：对应灰色的方块，用来为影片设置不同的标签颜色。单击某个影片前面的土黄色方块█，将打开一个菜单，可以为标签选择不同的颜色，包括"红色""黄色""浅绿色""粉色""淡紫色""桃红色""海泡沫""蓝色""绿色""紫色""橙色""棕色""紫红色""青色""砂岩"和"深绿色"，如图8.10所示。

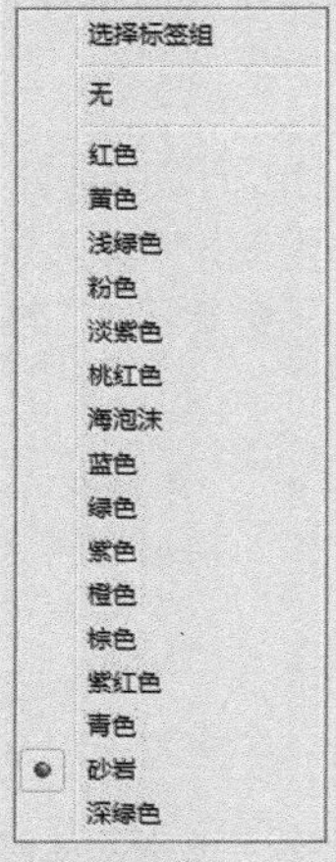

图8.10　标签颜色菜单

- ▤（序号）：对应渲染队列的排序，如1、2等。
- "合成名称"：显示渲染影片的合成名称。
- "状态"：显示影片的渲染状态。一般包括5

种，"未加入队列"，表示渲染时忽略该合成，只有勾选其前面的█复选框，才可以渲染；"用户已停止"，表示在渲染过程中单击"停止"按钮即停止渲染；"完成"，表示已经完成渲染；"渲染中"，表示影片正在渲染中；"队列"，表示勾选了合成前面的█复选框，正在等待渲染的影片。
- "已启动"：显示影片渲染的开始时间。
- "渲染时间"：显示影片已经渲染的时间。

8.5.3　所有渲染

　　"所有渲染"区显示了当前渲染的影片信息，包括队列的数量、内存使用量、渲染的时间和日志文件的位置等信息，如图 8.11 所示。

消息：正在渲染 2/2　　　　RAM：已使用 8.0 GB 的 19%
渲染已开始：2017/3/4, 10:46:57　　　已用总时间：2 秒

图8.11　"所有渲染"区

　　"所有渲染"区参数含义如下。

- "消息"：显示渲染影片的任务及当前渲染的影片。如图中的"正在渲染 2 /2"，表示当前渲染的任务影片有2个，正在渲染第2个影片。
- RAM（内存）：显示当前渲染影片的内存用量。例如，图8.11中显示"已使用8.0GB的19%"，表示渲染影片8GB内存使用19%。
- "渲染已开始"：显示开始渲染影片的时间。
- "已用总时间"：显示渲染影片已经使用的时间。

8.6　设置渲染模板

　　在应用渲染队列渲染影片时，可以对渲染影片应用软件提供的渲染模板，这样可以更快地渲染出需要的影片效果。

8.6.1　更改渲染模板

　　在渲染组中，已经提供了几种常用的渲染模

板，可以根据自己的需要，直接使用现有模板来渲染影片。

在渲染组中，展开合成文件，单击"渲染设置"右侧的![]按钮，将打开渲染设置菜单，并在展开区域中,显示当前模板的相关设置,如图8.12所示。

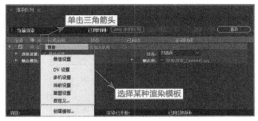

图8.12　渲染菜单

渲染菜单中，显示了几种常用的模板，通过移动鼠标并单击，可以选择需要的渲染模板，各模板的含义如下。

- **"最佳设置"**：以最好的质量渲染当前影片。
- **"DV设置"**：以符合DV文件的设置渲染当前影片。
- **"多机设置"**：可以在多机联合渲染时，各机分工协作进行渲染设置。
- **"当前设置"**：使用在合成窗口中的参数设置。
- **"草图设置"**：以草稿质量稿渲染影片，一般为了测试或观察影片的最终效果时用。
- **"自定义"**：自定义渲染设置。选择该项将打开"渲染设置"对话框。
- **"创建模板"**：用户可以制作自己的模板。选择该项，可以打开"渲染设置模板"对话框。
- **"输出模块"**：单击其右侧的![]按钮，将打开默认输出模块，可以选择不同的输出模块，如图8.13所示。

图8.13　输出模块菜单

- **"日志"**：设置渲染影片的日志显示信息。
- **"输出到"**：设置输出影片的位置和名称。

8.6.2　渲染设置

在渲染组中，单击"渲染设置"右侧的![]按钮，打开渲染设置菜单，然后选择"自定义"命令，或直接单击![]右侧的蓝色文字，将打开"渲染设置"对话框，如图8.14所示。

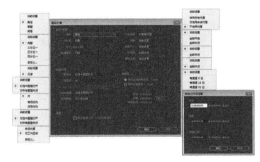

图8.14　"渲染设置"对话框

在"渲染设置"对话框中，参数的设置主要针对影片的质量、解析度、影片尺寸、磁盘缓存、音频特效、时间采样等方面，具体的含义如下。

- **"品质"**：设置影片的渲染质量，包括"最佳""草图"和"线框"3个选项，对应层中的![]。
- **"分辨率"**：设置渲染影片的分辨率，包括"完整""二分之一""三分之一""四分之一""自定义"5个选项。
- **"大小"**：显示当前合成项目的尺寸大小。
- **"磁盘缓存"**：设置是否使用缓存设置，如果选择"只读"选项，表示采用缓存设置。"磁盘缓存"可以通过选择"编辑"｜"首选项"｜"内存和多重处理"来设置。
- **"代理使用"**：设置影片渲染的代理，包括"使用所有代理""仅使用合成代理""不使用代理"3个选项。
- **"效果"**：设置渲染影片时是否关闭特效，包括"全部开启""全部关闭"，对应层中的![]设置。

- **"独奏开关"**：设置渲染影片时是否关闭独奏，选择"全部关闭"将关闭所有独奏，对应层中的设置。
- **"引导层"**：设置渲染影片是否关闭所有辅助层，选择"全部关闭"将关闭所有辅助层。
- **"颜色深度"**：设置渲染影片的每一个通道颜色深度为多少位色彩深度，包括"每通道8位""每通道16位""每通道32位"3个选项。
- **"帧融合"**：设置帧融合开关，包括"对选中图层打开"和"对所有图层关闭"两个选项，对应层中的设置。
- **"场渲染"**：设置渲染影片时，是否使用场渲染，包括"关""高场优先""低场优先"3个选项。如果渲染非交错场影片，选择"关"选项；如果渲染交错场影片，选择上场或下场优先渲染。
- **3:2 Pulldown（3:2折叠）**：设置3:2下拉的引导相位法。
- **"运动模糊"**：设置渲染影片运动模糊是否使用，包括"对选中图层打开""对所有图层关闭"两个选项，对应层中的设置。
- **"时间跨度"**：设置有效的渲染片段，包括"合成长度""仅工作区域"和"自定义"3个选项。如果选择"自定义"选项，也可以单击右侧的自定义按钮，将打开"自定义时间范围"对话框，在该对话框中，可以设置渲染的时间范围。
- **"使用合成的帧速率"**：使用合成影片中的帧速率，即创建影片时设置的合成帧速率。
- **"使用此帧速率"**：可以在右侧的文本框中，输入一个新的帧速率，渲染影片将按这个新指定的帧速率进行渲染输出。
- **"跳过现有文件（允许多机渲染）"**：在渲染影片时，只渲染丢失过的文件，不再渲染以前渲染过的文件。

8.6.3 创建渲染模板

现有模板往往不能满足用户的需要，这时，可以根据自己的需要来制作渲染模板，并将其保存起来，在以后的应用中，就可以直接调用了。

执行菜单栏中的"编辑"|"模板"|"渲染设置"命令，或单击"渲染设置"右侧的按钮，打开渲染设置菜单，选择"创建模板"命令，打开"渲染设置模板"对话框，如图8.15所示。

图8.15 "渲染设置模板"对话框

在"渲染设置模板"对话框中，参数的设置主要针对影片的默认影片、默认帧、模板的名称、编辑、删除等方面，具体的含义如下。

- **"影片默认值"**：可以从右侧的下拉菜单中，选择一种默认的影片模板。
- **"帧默认值"**：可以从右侧的下拉菜单中，选择一种默认的帧模板。
- **"预渲染默认值"**：可以从右侧的下拉菜单中，选择一种默认的预览模板。
- **"影片代理默认值"**：可以从右侧的下拉菜单中，选择一种默认的影片代理模板。
- **"静止代理默认值"**：可以从右侧的下拉菜单中，选择一种默认的静态图片模板。
- **"设置名称"**：可以在右侧的文本框中，输入设置名称，也可以通过单击右侧的按钮，从打开的菜单中，选择一个名称。
- **"新建"按钮**：单击该按钮，将打开"渲染设置"对话框，创建一个新的模板并设置新模板的相关参数。
- **"编辑"按钮**：通过"设置名称"选项，选择一个要修改的模板名称，然后单击该按钮，可以对当前的模板进行修改操作。
- **"复制"按钮**：单击该按钮，可以将当前选择的模板复制出一个副本。
- **"删除"按钮**：单击该按钮，可以将当前选择的模板删除。
- **"保存全部"全部**：单击该按钮，可以将模板存储为一个后缀为".ars"的文件，便于以后的使用。

- **"加载"按钮：**将后缀为".ars"的模板载入使用。

8.6.4 创建输出模块模板

执行菜单栏中的"编辑"|"模板"|"输出模块"命令，或单击"输出模块"右侧的 ∨ 按钮，打开输出模块菜单，选择"创建模板"命令，打开"输出模块模板"对话框，如图8.16所示。

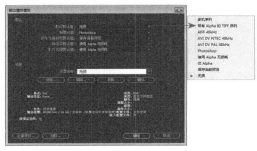

图8.16 "输出模块模板"对话框

在"输出模块模板"对话框中，参数的设置主要针对影片的默认影片、默认帧、模板的名称、编辑、删除等方面，具体的含义与渲染模板大致相同，这里只讲解其中几种格式的含义。

- **"仅Alpha"：**只输出Alpha通道。
- **"无损"：**输出的影片为无损压缩。
- **"使用Alpha无损耗"：**输出带有Alpha通道的无损压缩影片。
- **AVI DV NTSC 48kHz（微软48位NTSC制DV）：**输出微软48kHz的NTSC制式DV影片。
- **AVI DV PAL 48kHz（微软48位PAL制DV）：**输出微软48kHz的PAL制式DV影片。
- **"多机序列"：**在多机联合的形状下输出多机序列文件。
- **Photoshop（Photoshop 序列）：**输出Photoshop的PSD格式序列文件。
- **"编辑"：**单击该按钮，将打开"输出模块设置"对话框，如图8.17所示。

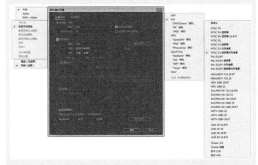

图8.17 "输出模块设置"对话框

- **"新建"：**可以创建输出模板，方法与创建渲染模板的方法相同。

8.7 常见视频格式的输出

当一个视频或音频文件制作完成后，就要将最终的结果输出，以发布成最终作品。After Effects 提供了多种输出方式，可通过不同的设置，快速输出需要的影片。

执行菜单栏中的"文件"|"导出"，将打开"导出"子菜单，从其子菜单中，选择需要的格式并进行设置，即可输出影片。其中几种常用的格式命令含义如下。

- **Adobe Flash Player（SWF）：**输出SWF格式的Flash动画文件。

- **Adobe Premiere Pro 项目：**该项可以输出用于Adobe Premiere Pro软件打开并编辑的项目文件，这样，After Effects与Adobe Premiere Pro之间便可以更好地转换使用。
- **3G：**输出支持3G手机的移动视频格式文件。
- **AIFF：**输出AIFF格式的音频文件，本格式不能输出图像。

- **AVI:** 输出Video for Windows的视频文件，它播放的视频文件的分辨率不高，帧速率小于25帧/秒（PAL制）或者30帧/秒（NTSC）。
- **DV Stream:** 输出DV格式的视频文件。
- **FLC:** 根据系统颜色设置来输出影片。
- **MPEG-4:** 它是压缩视频的基本格式，如VCD碟片。其压缩方法是将视频信号分段取样，然后忽略相邻各帧不变的画面，而只记录变化了的内容，因此其压缩比很大。这可以从VCD和CD的容量看出来。
- **QuickTime Movie:** 输出MOV格式的视频文件，MOV原来是苹果公司开发的专用视频格式，后来移植到PC机上使用。与AVI一样属于网络上的视频格式之一，在PC机上没有AVI普及，因为播放它需要专门的软件Quick-Time。
- **Wav:** 输出Wav格式的音频文件，它是Windows记录声音所用的文件格式。
- **Image Sequence:** 将影片以单帧图片的形式输出，只能输出图像不能输出声音。

练习8-1 输出AVI格式文件 重点

难　度：★★
工程文件：第 8 章 \ 练习 8-1\ 文字倒影动画 .aep
在线视频：第 8 章 \ 练习 8-1 输出 AVI 格式文件 .avi

01 执行菜单栏中"文件"|"打开项目"命令，弹出"打开"对话框，选择"文字倒影动画.aep"文件。

02 执行菜单栏中"合成"|"添加到渲染队列"命令，或按Ctrl+M组合键，打开"渲染队列"窗口，如图8.18所示。

图8.18　"渲染队列"窗口

03 单击"输出模块"右侧"无损"的文字部分，打开"输出模块设置"对话框，从"格式"下拉菜单中选择AVI格式，单击"确定"按钮，如图8.19所示。

图8.19　设置输出模板

04 单击"输出到"右侧的文件名称文字部分，打开"将影片输出到"对话框，选择输出文件放置的位置。

05 输出的路径设置好后，单击"渲染"按钮开始渲染影片，渲染过程中面板上方的进度条会走动，渲染完毕后会有声音提示，如图8.20所示。

图8.20　设置渲染中

06 渲染完毕后，在路径设置的文件夹里可找到AVI格式文件，如图8.21所示。双击打开该文件，可在播放器中播放该影片。

图8.21　渲染后的文件

练习8-2 输出单帧图像 **重点**

难　度：★★
工程文件：第 8 章 \ 练习 8-2\ 雷雨过后动画 .aep
在线视频：第 8 章 \ 练习 8-2 输出单帧图像 .avi

01 执行菜单栏中"文件"|"打开项目"命令，弹出"打开"对话框，选择"雷雨过后动画.aep"文件。

02 在时间线面板中，将时间调整到要输出的画面单帧位置，执行菜单栏中"合成"|"帧另存为"|"文件"命令，打开"渲染队列"窗口，如图8.22所示。

图8.22　"渲染队列"窗口

03 单击"输出模块"右侧Photoshop文字，打开"输出模块设置"对话框，从"格式"下拉菜单中选择某种图像格式，如 "JPEG"序列格式，单击"确定"按钮，如图8.23所示。

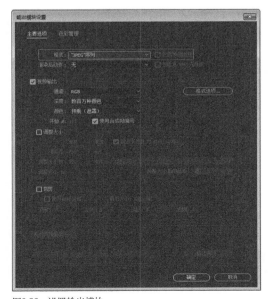

图8.23　设置输出模块

04 单击"输出到"右侧的文件名称文字部分，打开"将帧输出到"对话框，选择输出文件放置的位置。

05 输出的路径设置好后，单击"渲染"按钮开始渲染影片，渲染过程中面板上方的进度条会走动，渲染完毕后会有声音提示，如图8.24所示。

图8.24　渲染图片

06 渲染完毕后，在路径设置的文件夹里可找到JPEG格式的单帧图片，如图8.25所示。

图8.25　渲染后的单帧图片

 练习8-3 输出序列图片 **重点**

难　度：★★
工程文件：第 8 章 \ 练习 8-3\ 破碎动画效果 .aep
在线视频：第 8 章 \ 练习 8-3 输出序列图片 .avi

01 执行菜单栏中"文件"|"打开项目"命令，弹出"打开"对话框，选择"破碎动画效果.aep"文件。

02 执行菜单栏中"合成"|"添加到渲染队列"命令，或按Ctrl+M组合键，打开"渲染队列"窗口，如图8.26所示。

图8.26　"渲染队列"窗口

03 单击"输出模块"右侧"无损"的文字部分，打开"输出模块设置"对话框，从"格式"下拉菜单中选择"Targa 序列"格式，单击"确定"按钮，如图8.27所示。

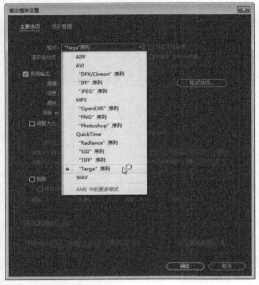

图8.27　设置格式

04 单击"输出到"右侧的文件名称文字部分，打开"将影片输出到"对话框，选择输出文件放置的位置。

05 输出的路径设置好后，单击"渲染"按钮开始渲染影片，渲染过程中面板上方的进度条会走动，渲染完毕后会有声音提示，如图8.28所示。

图8.28　渲染中

06 渲染完毕后，在路径设置的文件夹里可找到TGA格式序列图，如图8.29所示。

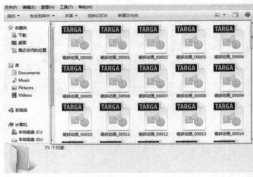

图8.29　渲染后的序列图

8.8 知识总结

　　本章首先讲解了数字视频的压缩，然后分析了图像的常用格式，详细阐述了渲染工作区的设置方法，最后以实例的形式讲解了影片的输出方法。

8.9 拓展训练

　　本章通过两个拓展练习，将前面内容中没有讲解的输出种类分类讲解，以便更加全面地掌握输出方法，适应不同的输出要求。

训练8-1 渲染工作区的设置

◆实例分析

　　制作的动画有时并不需要将全部动画输出，此时可以通过设置渲染工作区设置输出的范围，以输出自己最需要的动画部分，本例讲解渲染工作区的设置方法。

难　　度：★
工程文件：无
在线视频：第 8 章 \ 训练 8-1 渲染工作区的设置 .avi

◆本例知识点

渲染工作区的设置

训练8-2 输出音频文件

◆实例分析

　　有时，我们只需要视频中的音频文件，这时需要将音频文件导出，本例讲解如何将视频文件中的音频文件导出。

难　　度：★
工程文件：第 8 章 \ 训练 8-2\ 延时光线 .aep
在线视频：第 8 章 \ 训练 8-2 输出音频文件 .avi

◆本例知识点

SWF 格式的输出方法

第4篇

实战篇

第**9**章

自然特效动画设计

本章讲解自然特效动画设计。自然特效动画的设计重点是如何通过动画的形式来表现自然的特征，通过自然元素，如花朵、绿叶、湖泊、碎片等来表现自然特征。在动画的设计通常遵循自然运动的规律，飘落的花朵、下落的绿叶与水波荡漾的湖面等都是自然特征。本章列举了如花瓣标志开场动画设计、碎片出字动画设计、自然清新动画设计实例，通过对这些实例的学习可以掌握大部分自然特效类动画的设计。

教学目标

学习花瓣标志开场动画设计

掌握碎片出字动画设计

学习自然清新动画设计

◆ 实例分析

　　本例主要讲解自然清新动画设计，本例中动画效果非常漂亮，以第一人称视角将整个场景动画展示，整体的氛围非常出色，最终效果如图 9.1 所示。

难　度：★ ★ ★ ★
工程文件：第 9 章 \9.1\ 自然清新动画设计 .aep
在线视频：第 9 章 \9.1 自然清新动画设计 .avi

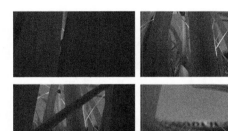

图9.1　动画流程画面

◆ 本例知识点

1．"四色渐变"
2．"椭圆工具"
3．"内发光"命令
4．"横排文字工具"
5．"快速方框模糊"

9.1.1　打造背景动画

01 执行菜单栏中的"合成" |"新建合成"命令，打开"合成设置"对话框，设置"合成名称"为"清新场景"，"宽度"为"720"，"高度"为"405"，"帧速率"为"25"，并设置"持续时间"为00:00:10:00，"背景颜色"为黑色，完成之后单击"确定"按钮，如图9.2所示。

02 执行菜单栏中的"文件" |"导入" |"文件"

命令，打开"导入文件"对话框，选择"小草图像 .png、小草图像2.png、小草图像3.png"素材，单击"导入"按钮，再以同样方法选中"视频素材"文件夹，单击"导入文件夹"按钮，如图9.3所示。

图9.2　新建合成　　　　　　图9.3　导入素材

03 执行菜单栏中的"图层" |"新建" |"纯色"命令，在弹出的对话框中将"名称"更改为背景，"颜色"更改为黑色，完成之后单击"确定"按钮。

04 在时间线面板中，选中"背景"图层，在"效果和预设"面板中展开"生成"特效组，然后双击"四色渐变"特效。

05 在"效果控件"面板中，修改"四色渐变"特效的参数，设置"颜色 1"为蓝色（R：109，G：123，B：142），"颜色 2"为蓝色（R：109，G：123，B：142），"颜色 3"为蓝色（R：109，G：123，B：142），"颜色 4"为黄色（R：224，G：157，B：13），单击每个颜色左侧码表按钮，在当前位置添加关键帧，再分别在图像中确定4个点，如图9.4所示。

图9.4　设置四色渐变

06 将时间调整到00:00:05:00帧的位置，将"颜色1"更改为蓝色（R：110，G：150，B：242），"颜色2"为蓝色（R：110，G：150，B：242），"颜色3"为蓝色（R：110，G：150，B：242），"颜色4"为白色，如图9.5所示。

图9.5 更改颜色

9.1.2 制作太阳动画

01 执行菜单栏中的"图层"|"新建"|"纯色"命令，在弹出的对话框中将"名称"更改为太阳，"颜色"更改为白色，完成之后单击"确定"按钮，如图9.6所示。

图9.6 新建图层

02 选择工具箱中的"椭圆工具" ，按住Shift键绘制1个圆形蒙版，如图9.7所示。

图9.7 绘制蒙版

03 在时间线面板中，在"太阳"图层名称上单击鼠标右键，从弹出的快捷菜单中选择"图层样式"|"外发光"命令，将"大小"更改为40，"范围"更改为40，如图9.8所示。

图9.8 设置外发光

04 在时间线面板中，将时间调整到00:00:00:00帧的位置，在"太阳"图层名称上单击鼠标右键，从弹出的快捷菜单中选择"图层样式"|"内发光"命令，将"混合模式"更改为正常，"不透明度"更改为100，"大小"更改为50，"范围"更改为50，单击"颜色"左侧码表 按钮，在当前位置添加关键帧，如图9.9所示。

图9.9 设置内发光

05 在时间线面板中，选中"太阳"图层，展开"蒙版 1"选项，将"蒙版扩展"更改为50，如图9.10所示。

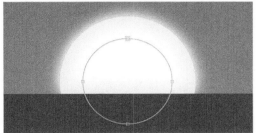

图9.10　更改蒙版扩展

06 在时间线面板中，选中"太阳"图层，将时间调整到00:00:00:00帧的位置，按P键打开"位置"，单击"位置"左侧码表■，在当前位置添加关键帧，如图9.11所示。

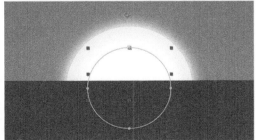

图9.11　添加关键帧

07 将时间调整到00:00:04:00帧的位置，将太阳向上拖动，系统将自动添加关键帧，并将"内发光"中的"颜色"更改为白色，如图9.12所示。

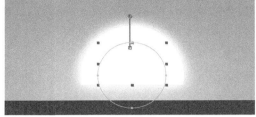

图9.12　拖动图像

08 在"项目"面板中，选中"小草图像.png""小草图像2.png"文件及"小草"文件夹中的视频素材，将其拖至时间线面板中，在图像中将其等比缩小，如图9.13所示。

图9.13　添加素材

09 在时间线面板中，将时间调整到00:00:00:00帧的位置，选中"小草.avi"图层，按T键打开"不透明度"，单击"不透明度"左侧码表■，在当前位置添加关键帧，如图9.14所示。

图9.14 添加关键帧

10 将时间调整到00:00:01:00帧的位置，单击"不透明度"左侧的"在当前时间添加或移除关键帧" ◆，为其添加1个延时帧，如图9.15所示。

图9.15 添加延时帧

11 将时间调整到00：00：01：18帧的位置，将"不透明度"更改为0，系统将自动添加关键帧，如图9.16所示。

图9.16 更改不透明度

9.1.3 添加文字动画

01 选择工具箱中的"横排文字工具" ，在图像中添加文字（Britannic Bold），如图9.17所示。

图9.17 添加文字

02 在时间线面板中，选中"MORNING"图层，在"效果和预设"面板中展开"生成"特效组，然后双击"梯度渐变"特效。

03 在"效果控件"面板中，修改"梯度渐变"特效的参数，设置"渐变起点"为（360，144），"起始颜色"为绿色（R：83，G：164，B：48），"渐变终点"为（360，201），"结束颜色"为绿色（R：0，G：32，B：6），如图9.18所示。

图9.18 设置梯度渐变

04 在时间线面板中，选中"MORNING"图层，将时间调整到00:00:00:00帧的位置，在图像中将文字向下拖动，再按P键打开"位置"，单击"位置"左侧码表 ，在当前位置添加关键帧，如图9.19所示。

图9.19 添加关键帧

05 将时间调整到00:00:04:00帧的位置，在图像中将文字向上拖动，系统将自动添加关键帧，如图9.20所示。

图9.21 添加快速方框模糊

08 将时间调整到00:00:04:00帧的位置,将"模糊半径"更改为0,系统将自动添加关键帧,如图9.22所示。

图9.20 拖动图像

06 在时间线面板中,选中"MORNING"图层,在"效果和预设"面板中展开"模糊和锐化"特效组,然后双击"快速方框模糊"特效。

07 在"效果控件"面板中,修改"快速方框模糊"特效的参数,设置"模糊半径"为20,单击其左侧码表 按钮,在当前位置添加关键帧,如图9.21所示。

图9.22 更改数值

09 这样就完成了最终整体效果的制作,按小键盘上的"0"键即可在合成窗口中预览动画。

9.2 花瓣标志开场动画设计

◆实例分析

本例主要讲解花瓣标志开场动画设计,本设计围绕花瓣视频素材进行,添加的装饰元素与标志相结合,使整个开场动画非常绚丽、漂亮,最终效果如图9.23所示。

难　度:★★★
工程文件: 第9章\9.2\花瓣标志开场动画设计.aep
在线视频: 第9章\9.2 花瓣标志开场动画设计.avi

图9.23 动画流程画面

◆本例知识点

1. "颜色校正"
2. "空对象"命令
3. "摄像机"命令
4. "快速方框模糊"

9.2.1 制作花瓣剪影动画

01 执行菜单栏中的"合成"|"新建合成"命令，打开"合成设置"对话框，设置"合成名称"为"花瓣遮罩效果"，"宽度"为"720"，"高度"为"405"，"帧速率"为"25"，并设置"持续时间"为00:00:10:00，"背景颜色"为白色，完成之后单击"确定"按钮，如图9.24所示。

图9.24 新建合成

02 执行菜单栏中的"文件"|"导入"|"文件"命令，打开"导入文件"对话框，选择"背景.tga、标志.ai、标志遮罩.mov、光.jpg、花瓣.mov、花瓣遮罩.mov、炫光.mov"素材，单击"导入"按钮，如图9.25所示。

图9.25 导入素材

03 在"项目"面板中，选中"花瓣.mov"及"花瓣遮罩.mov"素材，将其拖至时间线面板中，在图像中将其等比缩小。

04 选中"花瓣遮罩.mov"图层，将其移至"花瓣.mov"素材上方，再将"花瓣.mov"素材轨道遮罩更改为"亮度反转遮罩'花瓣遮罩.mov'"，如图9.26所示。

图9.26 更改轨道遮罩

05 执行菜单栏中的"合成"|"新建合成"命令，打开"合成设置"对话框，设置"合成名称"为"标志遮罩效果"，"宽度"为"720"，"高度"为"405"，"帧速率"为"25"，并设置"持续时间"为00:00:15:00，"背景颜色"为白色，完成之后单击"确定"按钮，如图9.27所示。

图9.27 新建合成

06 在"项目"面板中，选中"标志.ai""标志遮罩.mov"及"花瓣遮罩效果"素材，将其拖至时间线面板中，在图像中将"标志遮罩.mov"素材等比缩小，如图9.28所示。

图9.28 添加素材

07 在时间线面板中选中"标志.ai"图层，按Ctrl+D组合键将其复制1份，将"花瓣遮罩效果"合成的轨道遮罩更改为"Alpha遮罩'标志.ai'"，将"标志.ai"图层轨道遮罩更改为"亮度遮罩'标志遮罩.mov'"，如图9.29所示。

图9.29　设置轨道遮罩

08 在时间线面板中，选中"标志遮罩.mov"图层，拖动滑动块，调整动画的出场时间为00:00:06:02，如图9.30所示。

图9.30　调整动画时间

在更改出场动画时可参考其下方的图层，调整当前图层的入场时间。

09 在时间线面板中，选中"标志.ai"图层，按Ctrl+D组合键将图层复制1份，将其移至所有图层上方，并将图层显示，再将时间调整到00:00:06:02帧的位置，按Alt+[组合键设置动画入场，如图9.31所示。

图9.31　复制图层

9.2.2 调出花瓣动画

01 执行菜单栏中的"合成"|"新建合成"命令，

打开"合成设置"对话框，设置"合成名称"为"开场效果"，"宽度"为"720"，"高度"为"405"，"帧速率"为"25"，并设置"持续时间"为00:00:15:00，"背景颜色"为黑色，完成之后单击"确定"按钮，如图9.32所示。

图9.32　新建合成

02 在"项目"面板中选中"背景.tga"，将其拖至时间线面板中，如图9.33所示。

图9.33　添加素材

03 在时间线面板中选中"背景.tga"图层，在"效果和预设"面板中展开"颜色校正"特效组，然后双击"色阶"特效。

04 在"效果控件"面板中修改"色阶"特效的参数，设置"输入白色"为240，"灰度系数"为1.2，如图9.34所示。

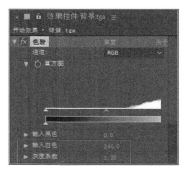

图9.34　设置色阶

05 在"项目"面板中选中"花瓣.mov",将其拖至时间线面板中,在图像中将其等比缩小,如图9.35所示。

图9.35　添加素材

06 在时间线面板中,将时间调整到00:00:07:00帧的位置,选中"花瓣.mov"图层,在"效果和预设"面板中展开"模糊和锐化"特效组,然后双击"快速方框模糊"特效。

07 在"效果控件"面板中,单击"模糊半径"左侧码表按钮,在当前位置添加关键帧,如图9.36所示。

图9.36　添加关键帧

08 在时间线面板中,将时间调整到00:00:10:00帧的位置,将"模糊半径"更改为60,系统将自动添加关键帧,如图9.37所示。

图9.37　更改数值

09 在时间线面板中,将时间调整到00:00:08:12帧的位置,按T键打开"不透明度",单击"不透明度"左侧码表■,在当前位置添加关键帧。将时间调整到00:00:10:00帧的位置,将"不透明度"数值更改为0,系统将自动添加关键帧,如图9.38所示。

图9.38　更改数值

10 在时间线面板中选中"背景.tga"图层,按Ctrl+D组合键将图层复制1份,将复制生成的"背景.tga"图层移至所有图层上方,如图9.39所示。

图9.39　复制图层

11 选择工具箱中的"矩形工具"■,在图像中上半部分位置绘制1个矩形蒙版,如图9.40所示。

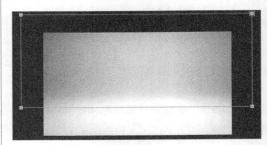

图9.40　绘制蒙版

12 在时间线面板中,按F键打开"蒙版羽化",将数值更改为(130,130),如图9.41所示。

图9.41　添加蒙版羽化

图9.41 添加蒙版羽化（续）

技巧

将时间向后调整可以通过动画中图像，观察蒙版羽化的效果。

9.2.3 将花瓣及文字动画融合

01 在"项目"面板中，选中"标志遮罩效果"合成，将其拖至时间线面板中，在图像中将其等比缩小，如图9.42所示。

图9.42 添加合成

02 在"项目"面板中，选中"花瓣遮罩效果"合成，将其拖至时间线面板中，如图9.43所示。

图9.43 添加合成

图9.43 添加合成（续）

技巧

添加合成之后可将时间向后适当调整，方便观察实际的图层效果。

03 在时间线面板中，同时选中"花瓣.mov"图层中所有关键帧，按Ctrl+C组合键将其复制，选中"花瓣遮罩效果"图层，将时间调整到00:00:07:00帧的位置，按Ctrl+V组合键将关键帧粘贴，如图9.44所示。

图9.44 复制并粘贴关键帧

04 在时间线面板中，选中"标志遮罩效果"图层，将时间调整到00:00:01:06帧的位置，按[键将动画入场定位于此处，如图9.45所示。

图9.45 定位动画入场

05 在"项目"面板中，选中"光.jpg"素材，将其拖至时间线面板中，将其"图层模式"更改为"相加"，如图9.46所示。

图9.46 添加素材

图9.46 添加素材（续）

06 选择工具箱中的"椭圆工具"████，在图像中间绘制1个椭圆蒙版，如图9.47所示。

图9.47 绘制椭圆蒙版

07 在时间线面板中，勾选"蒙版1"后方的"反转"复选框，再按F键打开"蒙版羽化"，将数值更改为（200，200），如图9.48所示。

图9.48 添加蒙版羽化

9.2.4 调整动画视角

01 执行菜单栏中的"图层"|"新建"|"摄像

机"命令，在弹出的对话框中单击"确定"按钮，如图9.49所示。

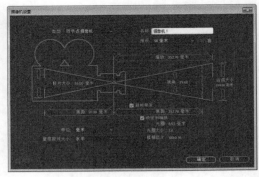

图9.49 新建摄像机

提示

新建摄像机之后，在弹出的警告对话框中，可直接单击"确定"按钮关闭对话框。

02 执行菜单栏中的"图层"|"新建"|"空对象"命令，将生成1个"空 1"图层，如图9.50所示。

图9.50 新建空对象

03 在时间线面板中，选中所有图层，打开其3D图层，如图9.51所示。

图9.51 打开3D图层

04 在时间线面板中，选中"摄像机 1"图层，将其父级设置为"空 1"，如图9.52所示。

图9.52　设置父级

05 在时间线面板中，选中"空 1"图层，将时间调整到00:00:06:19帧的位置，按P键打开"位置"，单击"位置"左侧码表，在当前位置添加关键帧，如图9.53所示。

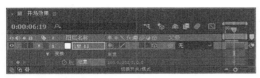

图9.53　添加关键帧

06 将时间调整到00:00:14:24帧的位置，将"位置"更改为（360，202.5，150），系统将自动添加关键帧，如图9.54所示。

图9.54　更改数值

07 执行菜单栏中的"图层"|"新建"|"纯色"命令，在弹出的对话框中将"名称"更改为"透明度"，"颜色"更改为白色，完成之后单击"确定"按钮。

08 在时间线面板中，选中"透明度"图层，将时间调整到00:00:13:00帧的位置，按Alt+[组合键设置入场，如图9.55所示。

图9.55　设置入场

09 在时间线面板中，选中"透明度"图层，按T键打开"不透明度"，单击"不透明度"左侧码表，在当前位置添加关键帧，将"不透明度"更改为0，如图9.56所示。

图9.56　添加关键帧

10 将时间调整到00:00:14:24帧的位置，将"不透明度"更改为100，系统将自动添加关键帧，如图9.57所示。

图9.57　更改数值

11 这样就完成了最终整体效果的制作，按小键盘上的"0"键即可在合成窗口中预览动画。

9.3　碎片出字动画设计

◆**实例分析**

　　本例主要讲解碎片出字动画设计，本例设计过程中的重点在于碎片效果设计，通过强大的粒子效果可以设计出漂亮的碎片效果，而出字效果的制作方法较简单，将两者结合即可制作出完美的碎片出字动画，最终效果如图 9.58 所示。

难　　度：★★★★
工程文件：第9章\9.3\碎片出字动画设计.aep
在线视频：第9章\9.3碎片出字动画设计.avi

图9.58　动画流程画面

◆本例知识点

1. "梯度渐变"
2. "钢笔工具"
3. "灯光"命令
4. "Particular"
5. "通道混合器"

9.3.1 调出碎片效果

01 执行菜单栏中的"合成"|"新建合成"命令，
打开"合成设置"对话框，设置"合成名称"为
"碎片"，"宽度"为"720"，"高度"为
"405"，"帧速率"为"25"，并设置"持续时
间"为00:00:10:00，"背景颜色"为黑色，完成
之后单击"确定"按钮，如图9.59所示。

图9.59　新建合成

02 执行菜单栏中的"图层"|"新建"|"纯色"
命令，在弹出的对话框中将"名称"更改为"背
景"，"颜色"更改为黑色，完成之后单击"确
定"按钮。

03 在时间线面板中，选中"背景"图层，在"效
果和预设"面板中展开"生成"特效组，然后双
击"梯度渐变"特效。

04 在"效果控件"面板中，修改"梯度渐变"特
效的参数，设置"渐变起点"为（358，203）
"起始颜色"为白色，"渐变终点"为（721，
204），"结束颜色"为蓝色（R：132，G：
216，B：255），"渐变形状"为径向渐变，如
图9.60所示。

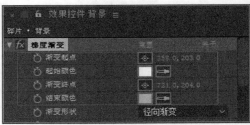

图9.60　设置梯度渐变

05 新建一个合成文件，命名为"三角形"，选择
工具箱中的"钢笔工具"，绘制1个三角形，将
"填充"更改为蓝色（R：132，G：216，B：
255），"描边"为无，将生成1个"形状图层
1"图层，如图9.61所示。

图9.61　绘制图形

06 返回到碎片合成，将"三角形"合成拖动到时间线面板中，执行菜单栏中的"图层"|"新建"|"灯光"命令，在弹出的对话框中将"名称"更改为"Emitter"，完成之后单击"确定"按钮，如图9.62所示。

图9.62　新建灯光

07 执行菜单栏中的"图层"|"新建"|"纯色"命令，在弹出的对话框中将"名称"更改为"碎片1"，并将碎片图层置于"Emitter"图层下方，如图9.63所示。

图9.63　新建图层

提示

在新建灯光时需要注意的是，一定要将名称输入正确，否则在添加碎片效果时无法正常显示。

08 在时间线面板中，选中"碎片1"图层，在"效果和预设"面板中展开"Trapcode"特效组，然后双击"Particular（粒子）"特效。

09 在"效果控件"面板中，修改特效的参数，展开"Emitter（发射器）"，设置"Particles/sec（粒子数量）"为65，"Emitter Type（粒子类型）"为Light(s)（灯光），"Velocity（速率）"为90，"Velocity Random（随机运动）"为20，"Emitter Size（发射器大小）"为XYZ Individual（XYZ个体），"Emitter Size X（发射器X轴大小）"为4139，"Emitter Size Y（发射器Y轴大小）"为1502，"Emitter Size Z（发射器Z轴大小）"为462，"Random Seed（随机种子）"为113420，如图9.64所示。

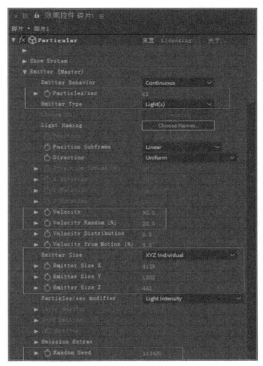

图9.64　设置Emitter(Master)（发射器）

10 展开"Particle(Master)（粒子）"选项组，将"Life(sec)（生命）"更改为33，"Life Random（生命随机）"为80，"Particle Type（粒子类型）"为Textured Polygon Colorize（纹理式多角形变色），展开"Texture（纹理）"选项组，将"Layer（层）"更改为三角形，"Time Samling（时间采样）"为Current Time（当前时间），"Aspect Ratio（高度比）"为1，"Size（大小）"为33，"Size Random（大小随机）"为50，展开"Size over Life（生命期内大小）"选项，选择1种图形样式，如图9.65所示。

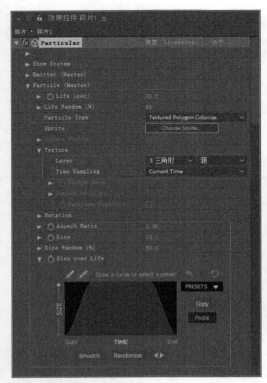

图9.65　设置Particle(Master)

11 执行菜单栏中的"图层"|"新建"|"调整图层"命令，将生成1个"调整图层1"图层。

12 在时间线面板中，选中"调整图层1"图层，在"效果和预设"面板中展开"颜色校正"特效组，然后双击"通道混合器"特效。

13 在"效果控件"面板中，修改"通道混合器"特效的参数，设置"红色-红色"为150，"红色-恒量"为15，如图9.66所示。

图9.66　设置通道混合器

9.3.2 制作文字动画

01 执行菜单栏中的"合成"|"新建合成"命令，打开"合成设置"对话框，设置"合成名称"为"文字"，"宽度"为"720"，"高度"为"405"，"帧速率"为"25"，并设置"持续时间"为00:00:10:00，"背景颜色"为黑色，完成之后单击"确定"按钮，如图9.67所示。

图9.67　新建合成

02 选择工具箱中的"横排文字工具"，在图像中添加文字（Lao UI），如图9.68所示。

图9.68　添加文字

03 选择工具箱中的"矩形工具"，在文字左侧绘制1个矩形蒙版，如图9.69所示。

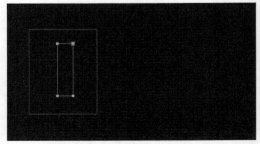

图9.69　绘制矩形蒙版

04 在时间线面板中，将时间调整到00:00:00:00帧的位置，单击"蒙版路径"左侧码表██按钮，在当前位置添加关键帧，如图9.70所示。

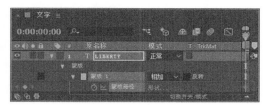

图9.70　添加关键帧

05 将时间调整到00:00:02:00帧的位置，同时选中右侧两个锚点向右侧拖动，系统将自动添加关键帧，如图9.71所示。

图9.71　拖动锚点

06 将时间调整到00:00:00:24帧的位置，按F键打开"蒙版羽化"，将数值更改为（80，80），如图9.72所示。

图9.72　添加蒙版羽化

提示

调整时间后再添加羽化是为了更便于观察实际的羽化效果。

9.3.3　添加光效动画

01 执行菜单栏中的"文件"|"导入"|"文件"命令，打开"导入文件"对话框，选择"炫光.png"素材，单击"导入"按钮。在"项目"面板中，选中"炫光.png"素材，将其拖至时间线面板中，在图像中将其等比缩小，如图9.73所示。

图9.73　添加素材

02 在时间线面板中，将时间调整到00:00:00:00帧的位置，选中"炫光.png"图层，按T键打开"不透明度"，单击"不透明度"左侧码表██，在当前位置添加关键帧，将"不透明度"更改为0，按P键打开"位置"，单击"位置"左侧码表██，在当前位置添加关键帧，并将图像移至文字左下角位置，如图9.74所示。

图9.74　添加关键帧

03 将时间调整到00:00:02:00帧的位置，将图像拖至文字右下角位置，将"不透明度"更改为100，系统将自动添加关键帧，如图9.75所示。

图9.75 更改不透明度

04 将时间调整到00:00:03:00帧的位置,将"不透明度"更改为0,如图9.76所示。

图9.76 更改数值

05 在"项目"面板中,选中"炫光.png"素材,将其拖至时间线面板中,在图像中将其等比缩小,将其移至文字右上角位置,如图9.77所示。

图9.77 添加素材

06 在时间线面板中,将时间调整到00:00:00:00帧的位置,选中"炫光.png"图层,按T键打开"不透明度",单击"不透明度"左侧码表,在当前位置添加关键帧,将"不透明度"更改为0,按P键打开"位置",单击"位置"左侧码表,

在当前位置添加关键帧,并将图像移至文字右上角位置,如图9.78所示。

图9.78 添加关键帧

07 将时间调整到00:00:02:00帧的位置,将图像拖至文字左上角位置,将"不透明度"更改为99%,系统将自动添加关键帧,如图9.79所示。

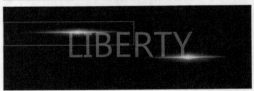

图9.79 更改数值

08 将时间调整到00:00:03:00帧的位置,将"不透明度"更改为0,如图9.80所示。

图9.80 更改数值

9.3.4 制作完整动画

01 切换到碎片合成,在"项目"面板中,选中"文字"合成,将其拖至时间线面板中。

02 在时间线面板中,将时间调整到00:00:04:00帧的位置,按[键设置合成入场位置,如图9.81所示。

图9.81 添加素材

03 执行菜单栏中的"图层"|"新建"|"纯色"命令，在弹出的对话框中将"名称"更改为"颜色"，"颜色"更改为蓝色（R：0，G：144，B：255），完成之后单击"确定"按钮。

04 在时间线面板中，选中"颜色"图层，在"效果和预设"面板中展开"生成"特效组，然后双击"圆形"特效。

05 在"效果控件"面板中，修改"圆形"特效的参数，设置"中心"为（-77，203），"半径"为65，展开"羽化"选项组，将"羽化外侧边缘"更改为286，"颜色"更改为红色（R：255，G：71，B：71），如图9.82所示。

图9.82 设置圆形

06 执行菜单栏中的"图层"|"新建"|"摄像机"命令。

07 执行菜单栏中的"图层"|"新建"|"空对象"命令，将摄像机的父级设置为空1这个对象。

08 同时选中除"背景""三角形"之外的所有图层，打开3D图层，如图9.83所示。

图9.83 打开3D图层

09 在时间线面板中，选中"空 1"图层，将时间调整到00:00:00:00帧的位置，按P键打开"位置"，单击"位置"左侧码表，在当前位置添加关键帧，将数值更改为（360，202.5，300），如图9.84所示。

图9.84 添加关键帧

10 将时间调整到00:00:04:00帧的位置，将数值更改为（360，202.5，-418），系统将自动添加关键帧，如图9.85所示。

图9.85 更改数值

11 执行菜单栏中的"图层"|"新建"|"调整图层"命令，将生成1个"调整图层2"图层，如图9.86所示。

图9.86 新建图层

12 在时间线面板中，选中"调整图层 2"图层，在"效果和预设"面板中展开"模糊和锐化"特效组，然后双击"快速方框模糊"特效。

13 在"效果控件"面板中，修改"快速方框模糊"特效的参数，设置"模糊半径"为10，勾选"重复边缘像素"复选框，如图9.87所示。

图9.87　设置快速方框模糊

14 选择工具箱中的"椭圆工具" ，绘制1个椭圆蒙版，按F键打开"蒙版羽化"，将数值更改为（150，150），勾选"反转"复选框，如图9.88所示。

15 这样就完成了最终整体效果的制作，按小键盘

上的"0"键即可在合成窗口中预览动画。

图9.88　设置蒙版羽化

9.4 知识总结

在影片中会经常需要一些自然景观效果，但拍摄却不一定能得到需要的效果，所以就需要在后期软件中制作逼真的自然效果，而 After Effects 中就拥有许多优秀的特效，可帮助完成制作，本章详细讲解了常见自然特效的制作技巧。

9.5 拓展训练

本章通过两个课拓展练习，讲解如何在 After Effects 中制作自然特效，使整个动画更加华丽且更富有灵动感。

训练9-1 宝剑刻字特效设计

◆实例分析

本例主要讲解宝剑刻字特效设计，本例在设计过程中，采用画面感很强的水泥素材图像，利用"破碎"命令与宝剑素材图像相结合的手法，制作出宝剑刻字的惊艳动画，最终效果如图9.89所示。

难　度：★ ★ ★
工程文件：第 9 章 \ 训练 9-1\ 宝剑刻字特效设计 .aep
在线视频：第 9 章 \ 训练 9-1 宝剑刻字特效设计 .avi

图9.89　动画流程画面

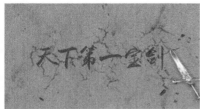

图9.89　动画流程画面（续）

◆本例知识点

1．"灯光"命令
2．"碎片"
3．"矩形工具"

训练9-2 流星雨效果

◆实例分析

　　本例主要讲解利用"粒子运动场"特效制作流星雨效果，完成后的动画流程画面如图9.90所示。

难　度：★★★
工程文件：第9章\训练9-2\流星雨效果.aep
在线视频：第9章\训练9-2流星雨效果.avi

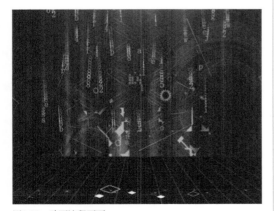

图9.90　动画流程画面

图9.90　动画流程画面（续）

◆本例知识点

1．"纯色"命令
2．"粒子运动场"
3．"发光"
4．"残影"

移动UI动效设计

本章讲解移动 UI 动效设计。本章中所讲解的知识是当下动画设计中非常重要的组成部分，随着智能设备的发展，移动大屏幕设备越来越流行，也就会产生多种移动 UI 动效。漂亮的 UI 动效可以让使用者与设备的交互更加丰富多彩，如漂亮的系统加载动效、收藏动效、表盘界面动效等。通过对这些动效制作的学习可以掌握大部分 UI 动效设计中所用到的知识。

教学目标

学会系统加载动效设计
学习收藏动效设计
了解表盘界面动效设计
掌握购票界面动效设计

◆实例分析

本例主要讲解收藏动效设计。本例中的动效在设计过程中主要突出心形动效的特点，触发之后将出现收藏成功标识，整体的动效十分自然、有趣，最终效果如图10.1所示。

难　　度：★ ★	
工程文件：第 10 章 \10.1\ 收藏动效设计 .aep	
在线视频：第 10 章 \10.1 收藏动效设计 .avi	

图10.1　动画流程画面

◆本例知识点

1．"椭圆工具"
2．"投影"
3．"钢笔工具"

◆操作步骤

01 执行菜单栏中的"合成"|"新建合成"命令，打开"合成设置"对话框，设置"合成名称"为"收藏动效"，"宽度"为"500"，"高度"为"350"，"帧速率"为"25"，并设置"持续时间"为00:00:10:00，"背景颜色"为紫色（R：74，G：10，B：98），完成之后单击"确定"按钮，如图10.2所示。

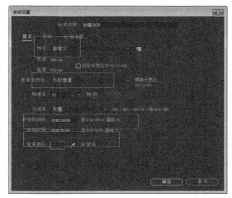

图10.2　新建合成

02 选择工具箱中的"椭圆工具" ，按住Shift键绘制1个圆，将"填充"更改为白色，"描边"为无，将生成1个"形状图层1"图层，如图10.3所示。

图10.3　绘制图形

03 选中"形状图层1"图层，在"效果和预设"面板中展开"透视"特效组，然后双击"投影"特效。

04 在"效果控件"面板中将"不透明度"更改为20，"方向"更改为170，"距离"更改为5，"柔和度"更改为15，如图10.4所示。

图10.4　设置投影

05 选择工具箱中的"钢笔工具"，绘制图形，设置"填色"为红色（R：216，G：21，B：21），"描边"为无，如图10.5所示。

图10.5　绘制图形

06 在时间线面板中，选中"形状图层2"图层，按Ctrl+D键复制1个"形状图层3"图层，将"形状图层3"图层中的图形"填充"更改为灰色（R：229，G：229，B：229），如图10.6所示。

图10.6　复制图层

图10.6　复制图层（续）

07 在"时间线"面板中，选中"形状图层3"图层，将时间调整至0:00:00:00位置，按S键打开"缩放"，单击"缩放"左侧码表，在当前位置添加关键帧，将时间调整至0:00:00:10位置，将其数值更改为（0，0），系统将自动添加关键帧，如图10.7所示。

图10.7　更改数值

08 在"时间线"面板中，选中"形状图层2"图层，将时间调整至0:00:00:00位置，按S键打开"缩放"，单击"缩放"左侧码表，在当前位置添加关键帧，将其数值更改为（0，0），将时间调整至0:00:00:10位置，将其数值更改为（100，100），系统将自动添加关键帧，如图10.8所示。

图10.8　更改数值

09 这样就完成了最终整体效果的制作，按小键盘上的"0"键即可在合成窗口中预览动画。

◆实例分析

本例主要讲解表盘界面动效设计，本例在制作过程中以模拟真实的表盘指针转动为制作重点，通过"旋转"命令可以制作出真实完美的表盘转动效果，最终效果如图10.9所示。

难 度：★
工程文件：第 10 章 \10.2\ 表盘界面动效设计 .aep
在线视频：第 10 章 \10.2 表盘界面动效设计 .avi

图10.9 动画流程画面

◆本例知识点

1．"旋转"
2．"表达式"
3．"定位点"

◆操作步骤

01 执行菜单栏中的"文件"|"导入"|"文件"命令，打开"导入文件"对话框，选择"表盘界面.psd"素材，单击"导入"按钮，在弹出的对话框中将"导入种类"更改为"合成-保持图层大小"，选中"可编辑的图层样式"选项，如图10.10所示。

图10.10 导入素材

02 在时间线面板中，单击鼠标右键，从弹出的快捷菜单中选择"合成设置"命令，再在弹出的对话框中将"持续时间"更改为0:01:00:00，如图10.11所示。

图10.11 更改持续时间

03 在时间线面板中，双击"表盘界面"合成，将其打开，如图10.12所示。

04 在时间线面板中，选中"秒针"图层，选择工具箱中的"向后平移锚点工具"，在图像中将定位点移至表盘中心位置，如图10.13所示。

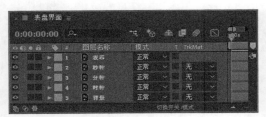

图10.12　打开合成

图10.13　设置定位点

05 在时间线面板中，选中"秒针"图层，按R键打开"旋转"，按住Alt键单击"旋转"左侧码表按钮，输入以下表达式："temp=Math.floor (time);easeOut(time,0,temp+.3,temp*6, (temp+1)*6)"，如图10.14所示。

图10.14　添加表达式

06 在时间线面板中，选中"分针"图层，选择工具箱中的"向后平移锚点工具"，在图像中将定位点移至表盘中心位置，如图10.15所示。

图10.15　更改定位点

07 在时间线面板中，选中"分针"图层，将时间调整到00:00:00:00帧的位置，按R键打开"旋转"，单击"旋转"左侧码表，在当前位置添加关键帧，将时间调整到00:00:59:24帧的位置，将"旋转"更改为15，系统将自动添加关键帧，如图10.16所示。

图10.16　更改数值

08 在时间线面板中，选中"时针"图层，以刚才同样方法更改定位点并制作旋转动画，系统将自动添加关键帧，如图10.17所示。

图10.17　为时针制作动画

09 这样就完成了最终整体效果的制作，按小键盘上的"0"键即可在合成窗口中预览动画。

10.3　旅行图标动效设计

◆**实例分析**

　　本例主要讲解旅行图标动效设计。本例中所讲解的旅游图标十分形象，通过直观的遮光板打开动画与光晕效果相结合，整个图标表现出的效果非常真实，最终效果如图10.18所示。

图10.18　动画流程画面

◆本例知识点

1．"位置"属性
2．"调整图层"
3．"镜头光晕"

◆操作步骤

01 执行菜单栏中的"文件"|"导入"|"文件"命令，打开"导入文件"对话框，选择"旅游图标.psd"素材，单击"导入"按钮，在弹出的对话框中将"导入种类"更改为"合成-保持图层大小"，选中"可编辑的图层样式"选项，如图10.19所示。

图10.19　导入素材

02 在时间线面板中，双击"旅游图标"合成，将其打开，如图10.20所示。

图10.20　打开合成

03 在时间线面板中，选中"遮光板"图层，按Ctrl+D组合键将图层复制1份"遮光板 2"图层，并将其暂时隐藏。

04 在时间线面板中，选中"遮光板"图层，将时间调整到00:00:00:00帧的位置，按P键打开"位置"，单击"位置"左侧码表 ，在当前位置添加关键帧，将时间调整到00:00:02:00帧的位置，在图像中将图像向上方拖动，系统将自动添加关键帧，如图10.21所示。

图10.21　拖动图像

05 选中位置的两个关键帧，执行菜单栏中的"动画"|"关键帧辅助"|"缓动"命令，如图10.22所示。

图10.22　添加缓动效果

06 选中"遮光板"图层，将其轨道遮罩更改为"Alpha 遮罩'遮光板 2'"，如图10.23所示。

图10.23　设置轨道遮罩

07 在时间线面板中，将时间调整到00:00:01:00帧的位置，选中"背景"图层，执行菜单栏中的"图层"|"新建"|"调整图层"命令。

08 在"效果和预设"面板中展开"生成"特效组，然后双击"镜头光晕"特效。

09 在"效果控件"面板中，修改"镜头光晕"特效的参数，设置"光晕中心"为（185，185），并单击其左侧码表按钮，在当前位置添加关键帧，如图10.24所示。

图10.24　设置镜头光晕

10 在时间线面板中，将时间调整到00:00:03:00帧的位置，将"光晕中心"更改为（423，185），系统将自动添加关键帧，如图10.25所示。

图10.25　更改数值

11 这样就完成了最终整体效果的制作，按小键盘上的"0"键即可在合成窗口中预览动画。

10.4 购票界面动效设计

◆**实例分析**

　　本例主要讲解购票界面动效设计。本例中的动效制作过程较简单，主要是切换动效，通过位置及不透明度等效果的应用即可制作出漂亮的购票界面动效，最终效果如图 10.26 所示。

难　　度：★ ★ ★
工程文件：第 10 章 \10.4\ 购票界面动效设计 .aep
在线视频：第 10 章 \10.4 购票界面动效设计 .avi

图10.26　动画流程画面

图10.26 动画流程画面（续）

◆本例知识点

1．"缩放"属性
2．"不透明度"属性
3．"快速方框模糊"

10.4.1 制作主题界面动效

01 执行菜单栏中的"文件"|"导入"|"文件"命令，打开"导入文件"对话框，选择"购票界面.psd"素材，单击"导入"按钮，在弹出的对话框中将"导入种类"更改为"合成-保持图层大小"，选中"可编辑的图层样式"选项，如图10.27所示。

图10.27 导入素材

02 在时间线面板中，双击"购票界面"合成，将其打开，如图10.28所示。

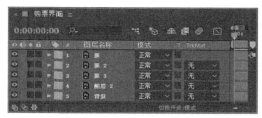

图10.28 打开合成

03 在时间线面板中，将时间调整到00:00:00:00帧的位置，选中"票"图层，按S键打开"缩放"，将"缩放"更改为（70，70），并在图像中将其向左侧移动，如图10.29所示。

图10.29 缩小图像

04 在时间线面板中，选中"票"图层，在"效果和预设"面板中展开"模糊和锐化"特效组，然后双击"快速方框模糊"特效。

05 在"效果控件"面板中，修改"快速方框模糊"特效的参数，设置"模糊半径"为8，如图10.30所示。

图10.30 设置快速方框模糊

06 以同样的方法选中"票3"图层，将其向右侧移动，至"票"图层中图像的相对位置，并将其缩小并添加模糊效果，如图10.31所示。

图10.31　缩小并添加效果

07 在时间线面板中，选中"票2"图层，将时间调整到00:00:00:02帧的位置，将其移至所有图层上方，按P键打开"位置"，单击"位置"左侧码表，在当前位置添加关键帧，按S键打开"缩放"，单击"缩放"左侧码表，在当前位置添加关键帧，如图10.32所示。

图10.32　添加关键帧

08 将时间调整到00:00:01:00帧的位置，在图像中将其向左侧拖动，将"缩放"更改为（70，70），系统将自动添加关键帧，如图10.33所示。

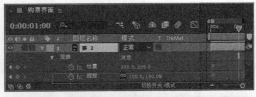

图10.33　拖动图像

09 在时间线面板中，选中"票2"图层，将时间调整到00:00:00:02帧的位置，在"效果和预设"面板中展开"模糊和锐化"特效组，然后双击"快速方框模糊"特效。

10 在"效果控件"面板中，修改"快速方框模糊"特效的参数，单击"模糊半径"左侧码表按钮，在当前位置添加关键帧，如图10.34所示。

图10.34　添加关键帧

11 将时间调整到00:00:01:00帧的位置，将"模糊半径"更改为8，系统将自动添加关键帧，如图10.35所示。

图10.35　更改数值

12 选中"票2"图层，按P键打开"位置"属性，同时选中两个关键帧，执行菜单栏中的"动画"|"关键帧辅助"|"缓动"命令添加缓动效果，如图10.36所示。

图10.36　添加缓动效果

13 在时间线面板中，选中"票3"图层，将时间调整到00:00:00:05帧的位置，按P键打开"位置"，单击"位置"左侧码表，在当前位置添加关键帧，按S键打开"缩放"，单击"缩放"左侧码表，在当前位置添加关键帧，如图10.37所示。

图10.37 添加关键帧

14 将时间调整到00:00:01:05帧的位置，在图像中将图像向左侧拖动，并将"缩放"更改为（100，100），系统将自动添加关键帧，如图10.38所示。

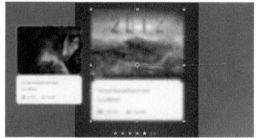

图10.38 更改数值及移动图像

15 在时间线面板中，选中"票3"图层，将时间调整到00:00:00:05帧的位置，在"效果控件"面板中，单击"模糊半径"左侧码表按钮，在当前位置添加关键帧，如图10.39所示。

图10.39 添加关键帧

16 在时间线面板中，将时间调整到00:00:01:05帧的位置，将"模糊半径"更改为0，系统将自动添加关键帧，如图10.40所示。

图10.40 更改数值

17 选中"票3"图层，按P键打开"位置"属性，同时选中两个关键帧，执行菜单栏中的"动画"|"关键帧辅助"|"缓动"命令添加缓动效果，如图10.41所示。

图10.41 添加缓动效果

10.4.2 调整动画细节

01 选择工具箱中的"矩形工具"█，在图像中绘制1个与界面大小相同的矩形，将生成1个"形状图层1"图层并置于"票2"图层上方，如图10.42所示。

图10.42 绘制图形

02 在时间线面板中，选中"形状图层1"图层，按Ctrl+D组合键将图层复制两份，并将"形状图层2"移至"票"图层上方，将"形状图层3"移至"票3"图层上方。

03 选中"票 2"图层，将其轨道遮罩更改为"Alpha 遮罩'形状图层1'"，选中"票"图层，将其轨道遮罩更改为"Alpha 遮罩'形状图层2'"，选中"票3"图层，将其轨道遮罩更改为"Alpha 遮罩'形状图层3'"，如图10.43所示。

图10.43　设置轨道遮罩

04 这样就完成了最终整体效果的制作，按小键盘上的"0"键即可在合成窗口中预览动画。

10.5 系统加载动效设计

◆实例分析

本例主要讲解系统加载动效设计。本例在设计过程中主要用到入场动画，将图形以圆形路径进行排列，整体加载效果十分形象，最终效果如图 10.44 所示。

难　　度： ★ ★ ★
工程文件：第 10 章 \10.5\ 系统加载动效设计 .aep
在线视频：第 10 章 \10.5 系统加载动效设计 .avi

图10.44　动画流程画面

◆本例知识点

1．"椭圆工具"
2．"发光"

10.5.1　绘制圆形路径

01 执行菜单栏中的"合成"|"新建合成"命令，打开"合成设置"对话框，设置"合成名称"为"系统加载动效设计"，"宽度"为"500"，"高度"为"350"，"帧速率"为"25"，并设置"持续时间"为00:00:10:00，"背景颜色"为深蓝色（R：7，G：38，B：62），完成之后单击"确定"按钮，如图10.45所示。

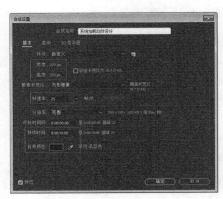

图10.45　新建合成

02 选择工具箱中的"椭圆工具"，按住Shift键

192

绘制1个圆，将"填充"更改为无，"描边"为白色，"描边宽度"为2像素，将生成1个"形状图层1"图层。

03 在时间线面板中选中"形状图层1"图层，单击左侧▒图标，将当前图层暂时锁定，如图10.46所示。

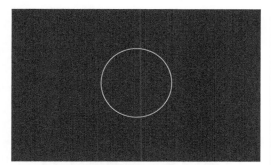

图10.46 绘制图形

04 选择工具箱中的"椭圆工具"▒，按住Shift键绘制1个圆，将"填充"更改为青色（R：0，G：186，B：255），"描边"为无，将生成1个"形状图层2"图层，如图10.47所示。

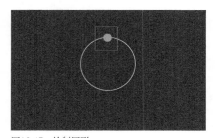

图10.47 绘制圆形

05 在"时间线"面板中，选中"形状图层2"图层，按Ctrl+D组合键复制1个"形状图层 3"图层，在图像中将其向下移动，如图10.48所示。

图10.48 复制图形

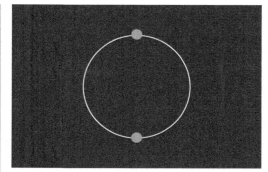

图10.48 复制图形（续）

06 以同样的方法将图形复制数份，并分别将图形移至指定位置，如图10.49所示。

图10.49 复制并移动图形

07 在时间线面板中选中"形状图层1"图层，单击左侧▒图标，将当前图层解锁，再按Delete键将其删除，如图10.50所示。

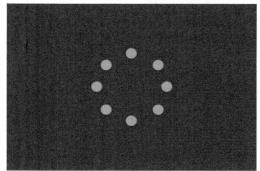

图10.50 删除图层

08 将时间调整至0:00:00:00位置，选中"形状图层2"图层，在"效果和预设"面板中展开"风格化"特效组，然后双击"发光"特效，在"效果控件"面板中单击"发光半径"左侧码表，将其更改为0，系统将自动添加关键帧，如图10.51所示。

图10.51　添加关键帧

10.5.2　添加细节动画

01 在时间线面板中将时间调整至0:00:00:05位置，将"发光半径"更改为10，将时间调整至0:00:00:10位置，将"发光半径"更改为0，系统将自动添加关键帧，如图10.52所示。

图10.52　更改数值

02 选中"形状图层2"图层，在"效果控件"面板中，选中"发光"，按Ctrl+C组合键将其复制，在画布中选中右上角其中1个圆形，在时间线面板中将时间调整至0:00:00:15位置，在"效果控件"面板中，按Ctrl+V组合键粘贴发光效果，如图10.53所示。

03 以同样的方法分别选中其他几个形状所在图层，为其粘贴发光效果，如图10.54所示。

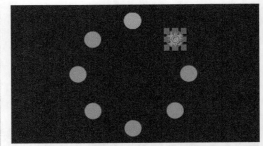

图10.53　粘贴发光效果

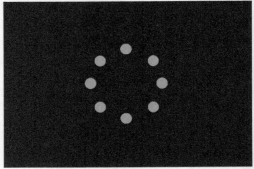

图10.54　粘贴发光效果

04 这样就完成了最终整体效果的制作，按小键盘上的"0"键即可在合成窗口中预览效果。

10.6 知识总结

赏心悦目的动效已然成为一款 App 的必备，良好的动效可以给用户带来好的视觉享受。本章通过几个具体的实例，详细讲解了移动 UI 动效设计技巧。

10.7 拓展训练

本章通过 3 个课后习题，讲解在 After Effects 中制作 UI 动效的方法和技巧。

训练10-1 确认按钮动效设计

◆实例分析

本例主要讲解确认按钮动效设计。本例中的效果在制作过程中，首先绘制出按钮轮廓，利用"效果和预设"为其添加效果，整体效果不错，制作过程较简单，最终效果如图 10.55 所示。

难　度：★★★
工程文件：第 10 章 \ 训练 10-1\ 确认按钮动效设计 .aep
在线视频：第 10 章 \ 训练 10-1 确认按钮动效设计 .avi

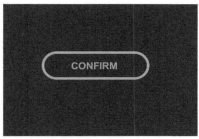

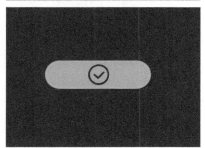

图10.55　动画流程画面

◆本例知识点

1. "圆角矩形工具" ▇
2. "缩放"属性
3. "不透明度"
4. "发光"

训练10-2 卡通加载动效设计

◆实例分析

本例主要讲解卡通加载动效设计。本例在讲解过程中，通过利用位置及旋转功能，制作出形象的进度加载动效，最终效果如图 10.56 所示。

难　度：★★★
工程文件：第 10 章 \ 训练 10-2\ 卡通加载动效设计 .aep
在线视频：第 10 章 \ 训练 10-2 卡通加载动效设计 .avi

图10.56　动画流程画面

图10.56 动画流程画面（续）

◆本例知识点

1．"向后平移（锚点）工具"
2．"蒙版路径"
3．"旋转"
4．"不透明度"

训练10-3 拨号界面动效设计

◆实例分析

　　本例主要讲解拨号界面动效设计。本例的制作主要用到"不透明度"及"缩放"命令，整体的制作过程较简单，效果十分真实，最终效果如图10.57所示。

难　　度：★★★★
工程文件：第10章\训练10-3\拨号界面动效设计.aep
在线视频：第10章\训练10-3拨号界面动效设计.avi

图10.57 动画流程画面

◆本例知识点

1．"缩放"
2．"不透明度"
3．"蒙版"
4．"横排文字工具"

第 **11** 章

动漫与游戏动画设计

本章讲解动漫与游戏动画设计。动漫与游戏类的动画设计在 AE 动画设计中十分常见，同时在当下火热的动漫与游戏市场上占据很大比重，如游戏开场动画、对战中的特效及各类游戏片头介绍等。漂亮的游戏开场片头总能激发玩家的兴趣，带来足够的吸引力，而激战中的特效大大提升了游戏的可玩性与趣味性。通过本章的学习，读者可以掌握大部分动漫与游戏动画的设计方法。

教学目标

学会战机大战动画设计
学习星际游戏开场片头设计
掌握西域巨魔游戏开场设计

◆实例分析

本例主要讲解战机大战动画设计。本例以直观的战机图像为背景,利用光线插件制作出真实的战机大战动画效果,最终效果如图11.1所示。

难　度:★★★
工程文件: 第11章 \11.1\ 战机大战动画设计 .aep
在线视频: 第11章 \11.1 战机大战动画设计 .avi

图11.1　动画流程画面

◆本例知识点

1.“蒙版扩展”
2.“毛边”
3.“预合成”命令
4.Shine(光)

11.1.1　绘制特效图像

01 执行菜单栏中的“合成”|“新建合成”命令,打开“合成设置”对话框,设置“合成名称”为“爆炸”,“宽度”为“720”,“高度”为“405”,“帧速率”为“25”,并设置“持续时间”为00:00:10:00,“背景颜色”为黑色,完成之后单击“确定”按钮,如图11.2所示。

图11.2　新建合成

02 执行菜单栏中的“文件”|“导入”|“文件”命令,打开“导入文件”对话框,选择“战机.jpg”素材,单击“导入”按钮,导入的素材如图11.3所示。

图11.3　导入素材

03 在“项目”面板中,选中“战机.jpg”素材,将其拖至时间线面板中,如图11.4所示。

图11.4　添加素材

04 执行菜单栏中的"图层"|"新建"|"纯色"命令，在弹出的对话框中将"名称"更改为"白色"，"颜色"更改为白色，完成之后单击"确定"按钮。

05 选择工具箱中的"椭圆工具"，绘制1个椭圆蒙版，如图11.5所示。

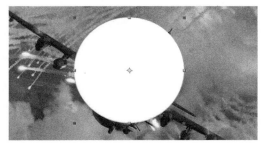

图11.5　绘制蒙版

06 在时间线面板中，选中"白色"图层，按Ctrl+D组合键将图层复制1份，并按Ctrl+Shift+Y组合键打开对话框，将"名称"更改为"黑色"，"颜色"更改为黑色，完成之后单击"确定"按钮，复制出的图层如图11.6所示。

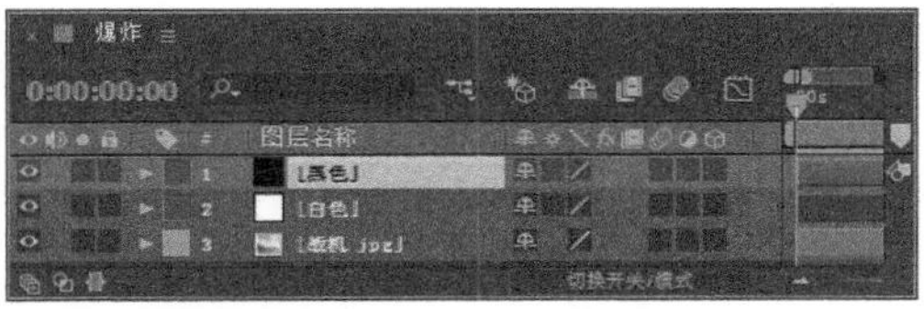

图11.6　复制图层

07 在时间线面板中，选中"黑色"图层，展开"蒙版"选项组，打开"蒙版1"选项组，设置"蒙版扩展"的值为-10，如图11.7所示。

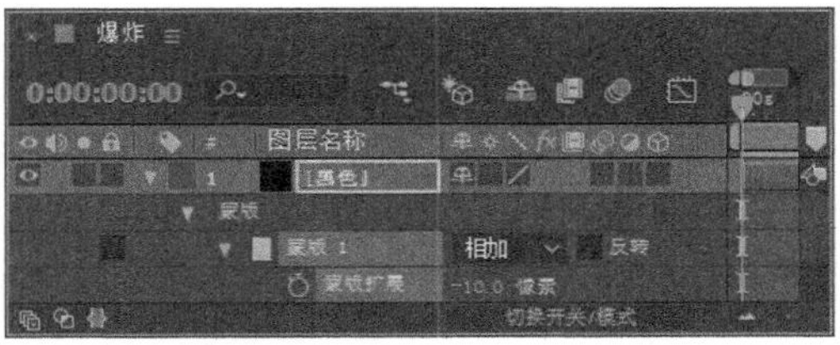

图11.7　设置蒙版扩展参数

08 为"黑色"层添加"毛边"特效。在"效果和预设"面板中展开"风格化"特效组，然后双击"毛边"特效。

09 在"效果控件"面板中，修改"毛边"特效的参数，设置"边界"的值为200，"边缘锐度"的值为10，"比例"的值为10，"复杂度"的值为10，将时间调整到00:00:00:00帧的位置，设置"演化"的值为0，单击"演化"左侧的码表按钮，在当前位置设置关键帧，如图11.8所示。

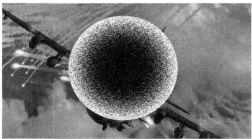

图11.8　设置参数

10 将时间调整到00:00:02:00帧的位置，设置"演化"的值为-5x，系统会自动设置关键帧，如图11.9所示。

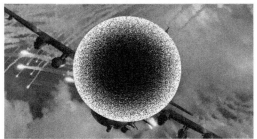

图11.9　更改数值

11.1.2 制作爆炸特效

01 在时间线面板中，同时选中"黑色"和"白色"两个图层，单击鼠标右键，从弹出的快捷菜单中选择"预合成"命令，在弹出的对话框中将"名称"更改为"冲击波"，完成之后单击"确定"按钮，如图11.10所示。

图11.10 设置预合成

02 在时间线面板中，选中"冲击波"合成，在"效果和预设"面板中展开"Trapcode"特效组，然后双击Shine（光）特效。

03 在"效果控件"面板中，修改特效的参数，设置"Ray Length（光线长度）"的值为0.4，"Boost Light（光线亮度）"的值为1.7，从"Colorize（着色）"的下拉菜单中选择"Fire（火）"命令，如图11.11所示。

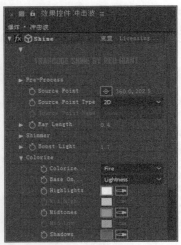

图11.11 设置Shine

04 打开"冲击波"层的三维开关，展开"变换"选项组，设置"方向"的值为"0，325，300"，

"X轴旋转"的值为-15，"Y轴旋转"的值为-50，如图11.12所示。

图11.12 设置变换

05 按S键打开"缩放"，单击"缩放"左侧的"约束比例"按钮🔗取消约束，将时间调整到00:00:00:00帧的位置，设置"缩放"的值为"0，0，100"，单击"缩放"左侧的码表🕒按钮，在当前位置设置关键帧，如图11.13所示。

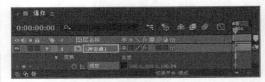

图11.13 添加关键帧

06 将时间调整到00:00:02:00帧的位置，设置"缩放"的值为"300，300，100"，如图11.14所示。

图11.14 调整数值

07 在时间线面板中，将时间调整到00:00:01:15帧的位置，选中"冲击波"合成，按T键展开"不透明度"属性，设置"不透明度"的值为100，单击左侧的码表按钮🕒，在当前位置设置关键帧。

08 将"冲击波"层的混合模式改为"屏幕"，将时间调整到00:00:02:00帧的位置，设置"不透明度"的值为0，系统将自动添加关键帧，如图11.15所示。

图11.15 添加关键帧

09 这样就完成了最终整体效果的制作，按小键盘上的"0"键即可在合成窗口中预览动画。

◆实例分析

本例主要讲解西域巨魔游戏开场设计。本例所讲解的开场效果非常震撼，以富有质感的纹理与素材相结合，制作出漂亮的游戏开场效果，最终效果如图11.16所示。

难　　　度：★★★★
工程文件：第11章\11.2\西域巨魔游戏开场设计.aep
在线视频：第11章\11.2 西域巨魔游戏开场设计.avi

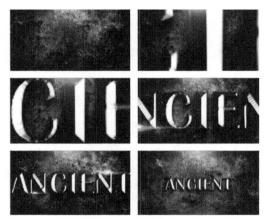

图11.16 动画流程画面

◆本例知识点

1．"杂色和颗粒"
2．"三色调"
3．"径向阴影"
4．"空对象"命令
5．"分形杂色"

11.2.1 制作开场背景

01 执行菜单栏中的"合成"|"新建合成"命令，

打开"合成设置"对话框，设置"合成名称"为"开场"，"宽度"为"720"，"高度"为"405"，"帧速率"为"25"，并设置"持续时间"为00:00:20:00，"背景颜色"为黑色，完成之后单击"确定"按钮，如图11.17所示。

02 执行菜单栏中的"文件"|"导入"|"文件"命令，打开"导入文件"对话框，选择"背景.jpg、光.mp4、光2.mp4、光3.mp4、粒子.mp4、文字纹理.jpg、炫光.png"素材，单击"导入"按钮，导入的素材如图11.18所示。

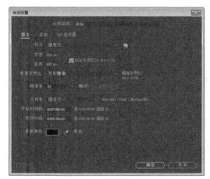

图11.17 新建合成

图11.18 导入素材

03 在"项目"面板中，选中"背景.jpg"素材，将其拖至时间线面板中，如图11.19所示。

图11.19　添加素材

04 执行菜单栏中的"图层"|"新建"|"纯色"命令，在弹出的对话框中将"名称"更改为杂色叠加，"颜色"更改为黑色，在时间线面板中，将时间调整到00:00:00:00帧的位置，选中"背景.jpg"图层，在"效果和预设"面板中展开"杂色和颗粒"特效组，然后双击"分形杂色"特效。

05 在"效果控件"面板中，修改"分形杂色"特效的参数，设置"分形类型"为"动态"，"杂色类型"为"线性"，勾选"反转"复选框，"对比度"为260，"亮度"为-60，"溢出"为"剪切"，将"变换"中的"旋转"更改为30，"缩放"为120，"复杂度"为18，单击"演化"左侧码表██按钮，在当前位置添加关键帧，设置"混合模式"为"变亮"，如图11.20所示。

图11.20　设置分形杂色

06 在时间线面板中，选中"背景.jpg"图层，将时间调整到00:00:19:24帧的位置，将"演化"更改为2x，系统将自动添加关键帧，如图11.21所示。

图11.21　更改数值

07 在时间线面板中，选中"背景.jpg"图层，在"效果和预设"面板中展开"颜色校正"特效组，然后双击"三色调"特效。

08 在"效果控件"面板中，修改"三色调"特效的参数，设置"高光"为"白色"，"中间调"为"橙色（R：255，G：134，B：0）"，"阴影"为"黑色"，将"与原始图像混合"更改为90，如图11.22所示。

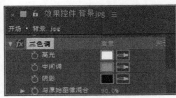

图11.22　设置三色调

09 执行菜单栏中的"图层"|"新建"|"纯色"命令，在弹出的对话框中将"名称"更改为"杂色叠加"。

10 在时间线面板中，将时间调整到00:00:00:00帧的位置，选中"杂色叠加"图层，在"效果和预设"面板中展开"杂色和颗粒"特效组，然后双击"分形杂色"特效。

11 在"效果控件"面板中，修改"分形杂色"特效的参数，设置"分形类型"为"动态"，勾选"反转"复选框，"对比度"为200，"亮度"为-30，"溢出"为"剪切"，将"变换"中的"旋转"更改为30，"缩放"为70，"复杂度"为18，单击"演化"左侧码表██按钮，在当前位置添加关键帧，"混合模式"为"无"，如图11.23所示。

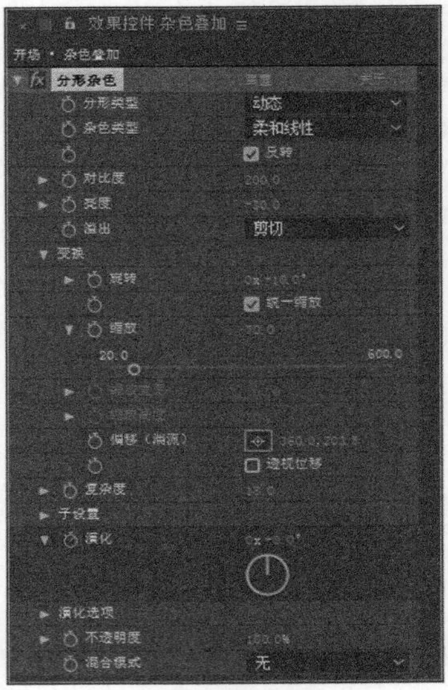

图11.23　设置分形杂色

12 在时间线面板中，选中"杂色叠加"图层，将"图层模式"更改为"差值"，将时间调整到00:00:19:24帧的位置，将"演化"更改为2x，系统将自动添加关键帧，如图11.24所示。

图11.24　更改数值

13 在时间线面板中，选中"杂色叠加"图层，在"效果和预设"面板中展开"颜色校正"特效组，然后双击"三色调"特效。

14 在"效果控件"面板中，修改"三色调"特效的参数，设置"高光"为"灰色（R: 150，G: 150，B: 150）"，"中间调"为"黑色"，"阴影"为"黑色"，将"与原始图像混合"更改为90，如图11.25所示，设置图层混合模式为差值。

图11.25　设置三色调

11.2.2　添加文字效果

01 执行菜单栏中的"合成"|"新建合成"命令，打开"合成设置"对话框，设置"合成名称"为"文字"，"宽度"为"720"，"高度"为"405"，"帧速率"为"25"，并设置"持续时间"为00:00:20:00，"背景颜色"为"黑色"，完成之后单击"确定"按钮，如图11.26所示。

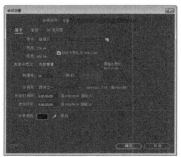

图11.26　新建合成

02 选择工具箱中的"横排文字工具"，在图像中添加文字（Britannic Bold），如图11.27所示。

图11.27　添加文字

03 在时间线面板中，在文字上单击鼠标右键，从弹出的快捷菜单中选择"图层样式"|"渐变叠加"命令，将"渐变平滑度"更改为0，单击"编辑渐变"，在弹出的对话框中编辑渐变颜色，如图11.28所示。

图11.28　编辑渐变

04 在"项目"面板中，选中"文字纹理.jpg"素材，将其拖至时间线面板中，如图11.29所示。

图11.29　添加素材

05 在时间线面板中，在"文字纹理.jpg"图层上单击鼠标右键，从弹出的快捷菜单中选择"图层样式"|"斜面和浮雕"命令，将"样式"更改为"内斜面"，"技术"为"雕刻柔和"，"深度"为400，"方向"为"向上"，"大小"为250，"角度"为-4，"高度"为30，"阴影模式"为"相乘"，如图11.30所示。

图11.30　添加斜面和浮雕

06 在时间线面板中，在"文字纹理.jpg"图层上单击鼠标右键，从弹出的快捷菜单中选择"图层样式"|"渐变叠加"命令，将"混合模式"更改为"变暗"，单击"编辑渐变"，在弹出的对话框中编辑渐变颜色，如图11.31所示。

图11.31　设置渐变

07 在时间线面板中，选中"ANCIENT"图层，按Ctrl+D组合键复制1份"ANCIENT 2"图层，并将其移至"文字纹理.jpg"图层上方。

08 选中"文字纹理.jpg"图层，将其"轨道遮罩"更改为"Alpha 遮罩'ANCIENT 2'"，如图11.32所示。

图11.32　设置轨道遮罩

图11.32 设置轨道遮罩（续）

09 切换到"开场"合成中，将"文字"合成拖动到时间线面板中，在时间线面板中，选中"文字"图层，在"效果和预设"面板中展开"透视"特效组，然后双击"投影"特效。

10 在"效果控件"面板中，修改"投影"特效的参数，设置"不透明度"为100，"方向"为180，"距离"为5，"柔和度"为10，如图11.33所示。

图11.33 设置投影

11 在时间线面板中，选中"文字"合成，在"效果和预设"面板中展开"透视"特效组，然后双击"径向阴影"特效。

12 在"效果控件"面板中，修改"径向阴影"特效的参数，设置"光源"为（354，160），"投影距离"为8.3，"柔和度"为11.3，如图11.34所示。

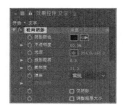

图11.34 设置径向阴影

图11.34 设置径向阴影（续）

11.2.3 添加光效装饰

01 在"项目"面板中，选中"炫光.png"素材，将其拖至时间线面板中，并将其"图层模式"更改为"相加"，在图像中将其等比缩小，如图11.35所示。

图11.35 添加素材

02 在时间线面板中，选中"炫光.png"图层，将时间调整到00:00:00:00帧的位置，按S键打开"缩放"，单击"缩放"左侧码表，在当前位置添加关键帧，将其数值更改为（0，0），如图11.36所示。

图11.36 添加关键帧

03 将时间调整到00:00:01:00帧的位置，将"缩放"更改为（30，30），将时间调整到00:00:02:00帧的位置，将"缩放"更改为（0，0），系统将自动添加关键帧，如图11.37所示。

图11.37　更改数值

04 在时间线面板中，选中"炫光.png"图层，按Ctrl+D组合键复制1份"炫光.png"图层，将其展开，同时选中3个关键帧向后拖动，如图11.38所示。

图11.38　复制图层并更改关键帧位置

05 在"项目"面板中，选中"粒子.mp4""光.mp4"素材，将其拖至时间线面板中，将其"图层模式"更改为"屏幕"，在图像中将其适当等比缩小，如图11.39所示。

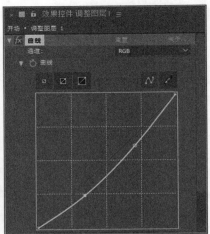

图11.39　添加素材

06 执行菜单栏中的"图层"|"新建"|"调整图层"命令，将生成1个"调整图层1"图层。

07 在时间线面板中，选中"调整图层1"图层，在"效果和预设"面板中展开"颜色校正"特效

组，然后双击"曲线"特效。

08 在"效果控件"面板中，修改"曲线"特效的参数，在直方图中拖动曲线，降低图像亮度，如图11.40所示。

图11.40　调整曲线

09 执行菜单栏中的"图层"|"新建"|"摄像机"命令，将生成1个"摄像机 1"图层，再执行菜单栏中的"图层"|"新建"|"空对象"命令，将生成1个"空1"图层。

10 同时选中除"背景.jpg"之外的所有图层，打开3D图层，如图11.41所示。

图11.41　打开3D图层

11 在时间线面板中，同时选中除"杂色叠加""调整图层1""摄像机1"之外的所有图层，将其父级设置为"空1"图层，如图11.42所示。

图11.42　设置父级图层

12 在时间线面板中，选中"空 1"图层，将时间调整到00:00:00:00帧的位置，按P键打开"位置"，单击"位置"左侧码表，在当前位置添加关键帧，将数值更改为（360，202.5，-1000），如图11.43所示。

图11.43　添加关键帧

13 在时间线面板中，将时间调整到00:00:03:00帧的位置，将数值更改为（360，202.5，0），系统将自动添加关键帧，如图11.44所示。

图11.44　更改数值

14 在时间线面板中，选中"摄像机 1"图层，将时间调整到00:00:00:00帧的位置，按P键打开"位置"，单击"位置"左侧码表，在当前位置添加关键帧，将数值更改为（360，202.5，-1000），如图11.45所示。

15 在时间线面板中，将时间调整到00:00:03:00帧的位置，将数值更改为（360，202.5，-800），系统将自动添加关键帧，如图11.46所示。

图11.45　添加关键帧

图11.46　更改数值

16 在"项目"面板中，选中"光2.mp4"素材，将其拖至时间线面板中，并将其"图层模式"更改为"相加"，在图像中将其等比缩小，如图11.47所示。

图11.47　添加素材

17 在"项目"面板中，选中"光3.mp4"素材，将其拖至时间线面板中，并将其"图层模式"更改为"柔光"，在图像中将其等比缩小，如图11.48所示。

图11.48　更改图层模式

18 这样就完成了最终整体效果的制作，按小键盘上的"0"键即可在合成窗口中预览动画。

11.3 星际游戏开场片头设计

◆实例分析

　　本例主要讲解星际游戏开场片头设计。本例在设计过程中围绕游戏开场主题进行，通过添加圆圈火焰与粒子元素相结合，整体片头极具震撼力，最终效果非常大气、漂亮，最终效果如图 11.49 所示。

难　度：★★★★
工程文件：第 11 章 \11.3\ 星际游戏开场片头设计 .aep
在线视频：第 11 章 \11.3 星际游戏开场片头设计 .avi

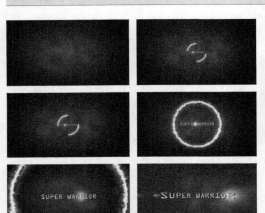

图11.49　动画流程画面

◆本例知识点

1. "CC Particle Wold"
2. "渐变叠加"命令
3. "关键帧辅助"命令
4. "镜头光晕"
5. "光学补偿"

11.3.1 制作开场背景

01 执行菜单栏中的"合成"|"新建合成"命令，打开"合成设置"对话框，设置"合成名称"为"开场"，"宽度"为"720"，"高度"为"405"，"帧速率"为"25"，并设置"持续时间"为00:00:05：00，"背景颜色"为黑色，完成之后单击"确定"按钮，如图11.50所示。

02 执行菜单栏中的"文件"|"导入"|"文件"命令，打开"导入文件"对话框，选择"火圈.mov"素材，单击"导入"按钮，如图11.51所示。

图11.50　新建合成

图11.51　导入素材

03 执行菜单栏中的"图层"|"新建"|"纯色"命令，在弹出的对话框中将"名称"更改为背景，"颜色"更改为黑色，完成之后单击"确定"按钮，如图11.52所示。

图11.52　新建纯色

04 在时间线面板中，选中"背景"图层，按Ctrl+D组合键将图层复制1份"背景 2"图层，将图层中背

208

景颜色更改为蓝色（R：110，G：171，B：253），如图11.53所示。

图11.53　复制图层

05 在时间线面板中，选中"背景 2"图层，选择工具箱中的"椭圆工具" ▮，绘制1个椭圆蒙版，如图11.54所示。

图11.54　绘制蒙版

06 按F键打开"蒙版羽化"，将数值更改为（300，300），如图11.55所示。

图11.55　设置蒙版羽化

07 选中椭圆路径的顶部和底部锚点并拖动，调整显示效果，如图11.56所示。

图11.56　调整路径

08 在时间线面板中，选中"背景 2"图层，按Ctrl+D组合键将图层复制1份"背景 2"图层，将其"图层模式"更改为**叠加**，如图11.57所示。

图11.57　复制图层

09 在时间线面板中，选中上方"背景 2"图层，在"效果和预设"面板中展开"杂色和颗粒"特效组，然后双击"分形杂色"特效。

10 在"效果控件"面板中，修改"分形杂色"特效的参数，设置"对比度"为160，"亮度"为−35，如图11.58所示。

图11.58　设置分形杂色

11 在时间线面板中，将时间调整到00:00:00:00帧的位置，按住Alt键单击"演化"左侧的码表按钮，在时间线面板中，输入time*100，如图11.59所示。

图11.59　添加表达式

11.3.2　打造粒子特效

01 执行菜单栏中的"图层"|"新建"|"纯色"命令，在弹出的对话框中将"名称"更改为"粒子"，"颜色"更改为黑色，完成之后单击"确定"按钮，如图11.60所示。

图11.60　新建纯色

02 在时间线面板中，选中"粒子"图层，在"效果和预设"面板中展开"模拟"特效组，然后双击"CC Particle Wold（CC 粒子世界）"特效。

03 在"效果控件"面板中，修改特效的参数，将"Birth Rate（生长速率）"更改为2，"Longevity (sec)（寿命）"更改为1。

04 展开"Producer（粒子）"选项组，将"Radius X（X轴旋转）"更改为0.325，"Radius Y（Y轴旋转）"更改为0.265，如图11.61所示。

图11.61　设置参数

05 展开"Physics（物理学）"选项组，将"Gravity（重力）"更改为0，"Resistance（阻力）"更改为0.4，"Extra（追加）"更改为0.5，"Extra Angle（追加角度）"更改为7，如图11.62所示。

06 展开"Particle（粒子）"选项组，将"Particle Type（粒子类型）"更改为"Faded Sphere（衰减球）"，"Birth Size（出生大小）"更改为0.05，"Death Size（死亡大小）"更改为0.05，"Size Variation（大小变化率）"更改为100，"Max Variation（最大变化

率）"更改为80，"Birth Color（死亡粒子颜色）"更改为白色，"Death Color（产生粒子颜色）"更改为蓝色（R：145，G：212，B：255），如图11.63所示。

图11.62　设置Physics

图11.63　设置Particle

07 在时间线面板中，选中"粒子"图层，按Ctrl+D组合键将图层复制1份，将复制生成的"粒子"的"图层模式"更改为"叠加"，如图11.64所示。

图11.64　复制图层

08 选中上方的"粒子"图层，在"效果控件"面板中，展开"Physics（物理学）"选项组，将"Velocity（速度）"更改为1，"Extra（追加）"更改为0.5，如图11.65所示。

图11.65　设置Physics

09 展开"Particle（粒子）"选项组，将"Particle Type（粒子类型）"更改为"Motion Polygon（运动多边形）"，"Size Variation（大小变化率）"更改为0，如图11.66所示。

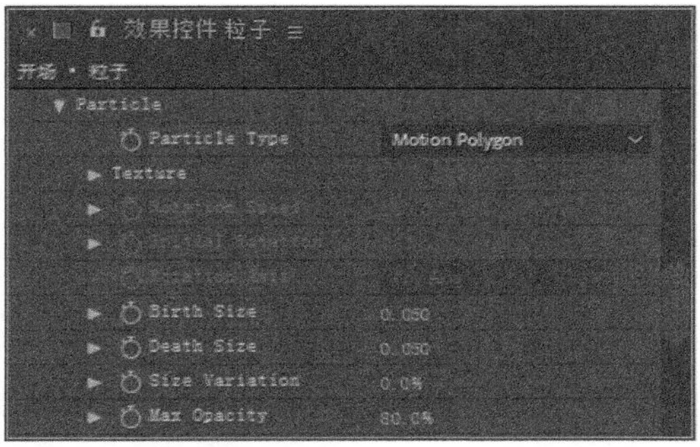

图11.66　设置Particle

10 在时间线面板中，将时间调整到00:00:00:00帧的位置，选中上方"粒子"图层，按T键打开"不透明度"，单击"不透明度"左侧码表 ⬤，在当前位置添加关键帧，将"不透明度"更改为50。
11 将时间调整到00:00:01:18帧的位置，单击位置左侧"在当前时间添加或移除关键帧" ◆，为其添加1个延时帧。
12 将时间调整到00:00:04:24帧的位置，将"不透明度"更改为0，系统将自动添加关键帧，如图11.67所示。

图11.67　添加关键帧

11.3.3　制作主题文字

01 执行菜单栏中的"合成"|"新建合成"命令，打开"合成设置"对话框，设置"合成名称"为"文字"，"宽度"为"720"，"高度"为"405"，"帧速率"为"25"，并设置"持续时间"为00:00:05:00，"背景颜色"为黑色，完成之后单击"确定"按钮，如图11.68所示。

图11.68　新建合成

02 输入文字，在时间线面板中，在文字上单击鼠标右键，从弹出的快捷菜单中选择"图层样式"|"渐变叠加"命令，如图11.69所示。

图11.69　添加渐变叠加

03 单击"编辑渐变"，在弹出的对话框中编辑渐变颜色，完成之后单击"确定"按钮，如图11.70所示。

渐变编辑器
确定
取消
SUPER WARRIOR

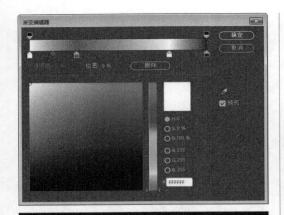

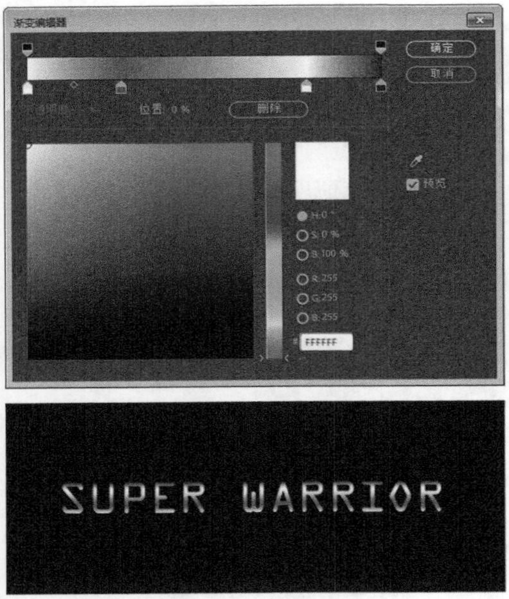

图11.70　编辑渐变

04 在时间线面板中，选中文字图层，按Ctrl+D组合键将图层复制1份，更改复制生成的图层样式中的渐变样式，再将文字分别向上及向右移动1像素，并修改渐变颜色，如图11.71所示。

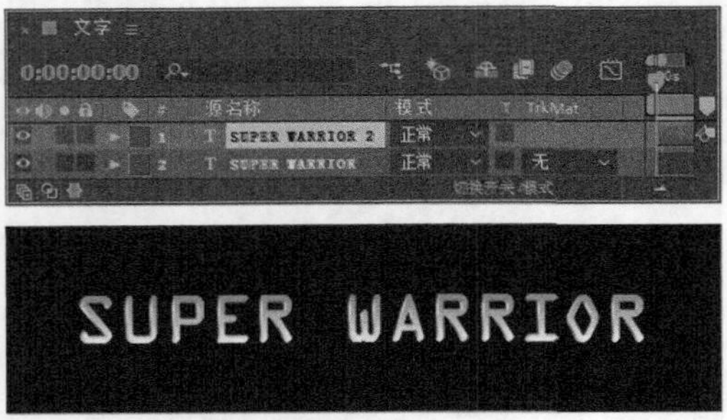

文字
0:00:00:00
SUPER WARRIOR 2
SUPER WARRIOR
SUPER WARRIOR

图11.71　复制图层并更改渐变样式

05 在“项目”面板中，选中“文字”合成，将其拖至时间线面板中，如图11.72所示。

开场
0:00:01:23

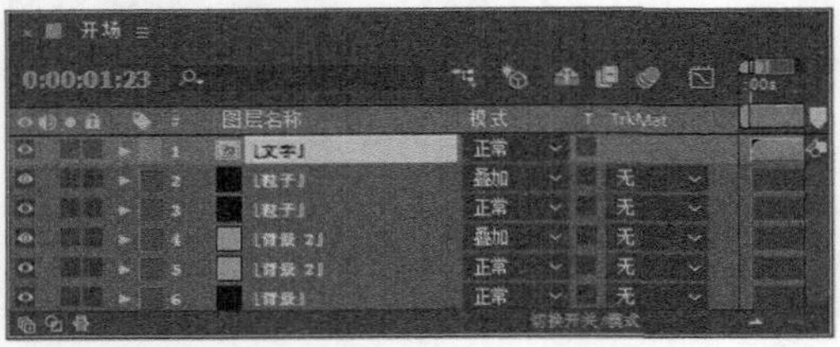

图11.72　添加合成

06 在时间线面板中，选中“文字”图层，在“效果和预设”面板中展开“透视”特效组，然后双击“投影”特效。

07 在“效果控件”面板中，修改“投影”特效的参数，设置“距离”为5，“柔和度”为5，如图11.73所示。

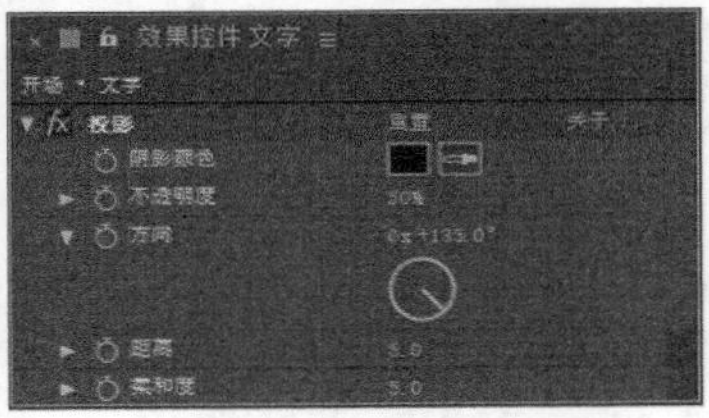

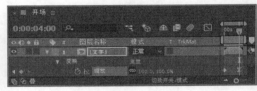

图11.73　设置投影

08 在时间线面板中，选中“文字”合成，将时间调整到00:00:00:00帧的位置，按S键打开“缩放”，单击“缩放”左侧码表，在当前位置添加关键帧，将“缩放”更改为（0，0）。

09 将时间调整到00:00:04:00帧的位置，将“缩放”更改为（100，100），系统将自动添加关键帧，选中当前关键帧执行菜单栏中的“动画”|“关键帧辅助”|“缓动”命令，如图11.74所示。

开场
0:00:04:00

图11.74　更改数值

11.3.4 制作光效动画

01 执行菜单栏中的“图层”|“新建”|“纯色”命令，在弹出的对话框中将“名称”更改为“光”，“颜色”更改为黑色，完成之后单击“确定”按钮，如图11.75所示。

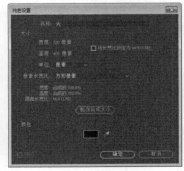

图11.75　新建纯色

02 在时间线面板中，选中"光"图层，将时间调整到00:00:00:00帧的位置，在"效果和预设"面板中展开"生成"特效组，然后双击"镜头光晕"特效。

03 在"效果控件"面板中，修改"镜头光晕"特效的参数，设置"光晕"中心为（178，202），"光晕亮度"为50，"镜头类型"为"105毫米变焦"，如图11.76所示。

图11.76　设置镜头光晕

04 在时间线面板中，将时间调整到00:00:04:00帧的位置，将光晕中心更改为（520，202），系统将自动添加关键帧，如图11.77所示。将图层混合模式改为相加。

图11.77　更改数值

05 将时间调整到00:00:04:00帧的位置，在时间线面板中，选中"光"图层，按S键打开"缩放"，单击"缩放"左侧码表，在当前位置添加关键帧，将数值更改为（0，0），将时间调整到00:00:04:24帧的位置将数值更改为（100，100），如图11.78所示。

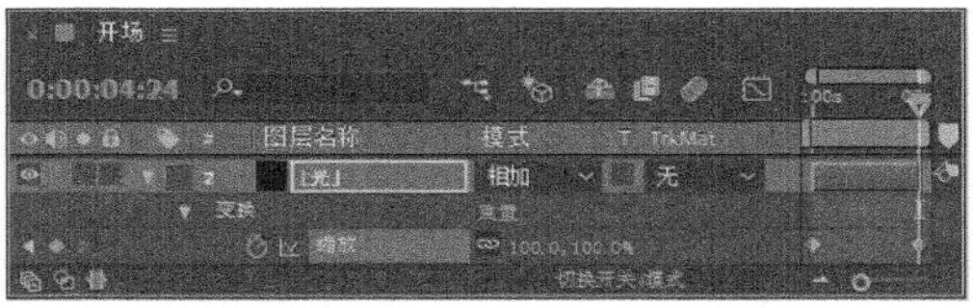

图11.78　更改数值

06 在"项目"面板中，选中"火圈.mov"素材，将其拖至时间线面板中，在图像中将其等比缩小。

07 在时间线面板中，将时间调整到00:00:03:12帧的位置，按Alt+]组合键设置动画出场，如图11.79所示。将图层混合模式改为相加。

图11.79　设置动画出场

08 执行菜单栏中的"图层"|"新建"|"调整图层"命令，将生成1个"调整图层 1"图层，如图11.80所示。

图11.80　新建调整图层

09 在时间线面板中，选中"调整图层 1"图层，在"效果和预设"面板中展开"颜色校正"特效组，然后双击"曲线"特效。

10 在"效果控件"面板中，修改"曲线"特效的参数，分别选择不同通道，并在直方图中调整曲线，如图11.81所示。

图11.81　调整曲线

11 执行菜单栏中的"图层"|"新建"|"调整图层"命令,将生成1个"调整图层 2"图层,如图11.82所示。

图11.82 新建调整图层

12 在时间线面板中,选中"调整图层 2"图层,在"效果和预设"面板中展开"扭曲"特效组,然后双击"光学补偿"特效。

13 将时间调整到00:00:03:12帧的位置,在"效果控件"面板中,修改"光学补偿"特效的参数,设置"视场"为0,并单击其左侧码表 按钮,在当前位置添加关键帧,勾选"反转镜头扭曲"复选框,如图11.83所示。

图11.83 添加关键帧

14 在时间线面板中,将时间调整到00:00:04:24帧的位置,将"视场"更改为130,系统将自动添加关键帧,如图11.84所示。

图11.84 更改数值

15 这样就完成了最终整体效果的制作,按小键盘上的"0"键即可在合成窗口中预览动画。

11.4 知识总结

本章主要讲解动漫与游戏动画设计。动漫与游戏动画设计制作是 CG 行业中的一个重要组成部分,随着游戏动漫的普及,其应用市场会更加广阔。本章主要通过 3 个精选实例,讲解动漫与游戏动画设计合成的处理方法和技巧。

11.5 拓展训练

本章通过两个拓展练习,讲解动漫及游戏动画常见特效的制作。通过这些练习,全面掌握解动漫与游戏动画设计的制作方法和技巧。

训练11-1 滴血文字

◆ 实例分析

本例主要讲解利用"液化"特效制作滴血文字效果,完成后的动画流程画面如图 11.85 所示。

难　度：★★★	难　度：★★★
工程文件：第 11 章 \ 训练 11-1\ 滴血文字 .aep	工程文件：第 11 章 \ 训练 11-2\ 星光之源 .aep
在线视频：第 11 章 \ 训练 11-1 滴血文字 .avi	在线视频：第 11 章 \ 训练 11-2 星光之源 .avi

图11.85　动画流程画面

◆本例知识点

1．"毛边"
2．"液化"

训练11-2 星光之源

◆实例分析

　　本例主要讲解"分形杂色"特效、"曲线"特效、"贝塞尔曲线变形"特效的应用及"蒙版"命令的使用。本例最终的动画流程效果如图 11.86 所示。

图11.86　动画流程效果

◆本例知识点

1．"椭圆工具"
2．"三维层"按钮
3．"钢笔工具"
4．"曲线"
5．"贝塞尔曲线变形"

第 **12** 章

商业栏目包装动
画设计

本章讲解商业栏目包装动画设计。商业栏目包装
动画十分常见，如电视广告、各类影视宣传广告、
片头及片尾的动画等，可以说商业栏目在日常生
活及娱乐中无处不在。本章中列举了如旅游宣传
片设计、电影频道标志动画设计、动感手机宣传
动画设计等知识，通过对这些知识的学习读者可
以掌握商业栏目包装动画设计的方法及技巧。

教学目标

学习旅游宣传片设计
掌握电影频道标志动画设计
学习动感手机宣传动画设计

◆实例分析

本例主要讲解动感手机宣传动画设计。本例中的动画在设计过程中以体现科技感为主，通过流畅的过渡动画与文字信息相结合，整个动感效果非常出色，最终效果如图12.1所示。

难　度：★ ★ ★ ★
工程文件：第 12 章 \12.1\ 动感手机宣传动画设计 .aep
在线视频：第 12 章 \12.1 动感手机宣传动画设计 .avi

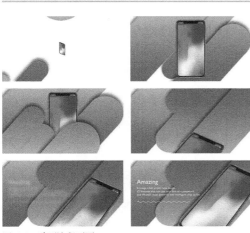

图12.1　动画流程画面

◆本例知识点

1．"梯度渐变"
2．"快速方框模糊"
3．"变换"
4．"波形变形"

12.1.1　制作手机出场动画

01 执行菜单栏中的"合成"|"新建合成"命令，打开"合成设置"对话框，设置"合成名称"为"手机出场"，"宽度"为"720"，"高度"为"405"，"帧速率"为"25"，并设置"持续时间"为00:00:05:00，"背景颜色"为黑色，完成之后单击"确定"按钮，如图12.2所示。

02 执行菜单栏中的"文件"|"导入"|"文件"命令，打开"导入文件"对话框，选择"手机.png、

手机2.png"素材，单击"导入"按钮，如图12.3所示。

图12.2　新建合成

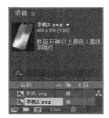

图12.3　导入素材

技巧

按 Ctrl+I 组合键可快速打开"导入文件"对话框。

03 执行菜单栏中的"图层"|"新建"|"纯色"命令，在弹出的对话框中将"名称"更改为"背景色"，"颜色"更改为白色，完成之后单击"确定"按钮。

04 在时间线面板中，选中"背景色"图层，将时间调整至0:00:00:00位置，单击"不透明度"左侧码表，在当前位置添加关键帧，将"不透明度"更改为0，将时间调整至0:00:00:10位置，将"不透明度"更改为100，系统将自动添加关键帧，如图12.4所示。

图12.4　添加透明度关键帧

05 在"项目"面板中，选择"手机"合成，将其拖动到"手机出场"合成的时间线面板中，并将其移至背景色层上方，如图12.5所示。

图12.5　添加素材

06 在时间线面板中，选中"手机"图层，将时间调整到00:00:00:15帧的位置，在"效果和预设"面板中展开"扭曲"特效组，然后双击"变换"特效。

07 在"效果控件"面板中，修改"变换"特效的参数，将"缩放"更改为0，"倾斜"更改为30，分别单击其前方码表 ，如图12.6所示。

图12.6　添加关键帧

08 在时间线面板中，选中"手机"图层，将时间调整到00:00:01:10帧的位置，将"缩放"更改为70，"倾斜"更改为0，系统将自动添加关键帧，如图12.7所示。

图12.7　更改数值

图12.7　更改数值（续）

12.1.2　调出装饰图形动画

01 执选中工具箱中的"圆角矩形工具" ，在动画区域左下角绘制1个稍长的圆角矩形并适当旋转，设置"填充"为任意颜色，"描边"为无，将生成1个"形状图层1"图层，如图12.8所示。

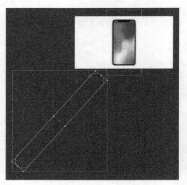

图12.8　绘制图形

02 在时间线面板中，选中"形状图层1"图层，在"效果和预设"面板中展开"生成"特效组，然后双击"梯度渐变"特效。

03 在"效果控件"面板中，修改"梯度渐变"特效的参数，设置"起始颜色"为浅红色（R：253，G：154，B：124），"结束颜色"为紫色（R：200，G：52，B：153），如图12.9所示。

图12.9　设置梯度渐变

04 在时间线面板中，选中"形状图层1"图层，在"效果和预设"面板中展开"透视"特效组，然后双击"投影"特效。

05 在"效果控件"面板中，修改"投影"特效的参数，设置"方向"为0，"距离"更改为15，"柔和度"为40，如图12.10所示。

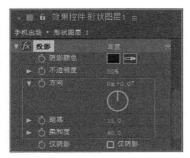

图12.10　设置投影

06 将图形适当移动，并在时间线面板中，选中"形状图层1"图层，将时间调整到00:00:00:15帧的位置，按P键打开"位置"，单击"位置"左侧码表圖，在当前位置添加关键帧，如图12.11所示。

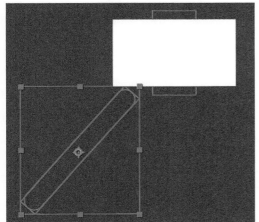

图12.11　添加关键帧

07 将时间调整至0:00:01:10位置，在图像中向右上角拖动圆角矩形，系统将自动添加关键帧，如图12.12所示。

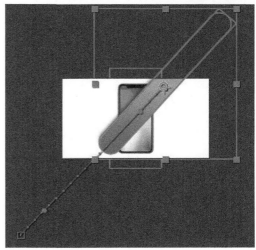

图12.12　拖动图形

08 以同样方法绘制数个相似圆角矩形，并为其添加梯度渐变及投影效果后制作出相同的动画效果，同时将"手机"图层移至所有图层上方，如图12.13所示。

图12.13　制作动画效果

09 选中工具箱中的"圆角矩形工具" ▇，在左下角位置绘制1个圆角矩形并适当旋转，将生成1个"形状图层5"图层，如图12.14所示。

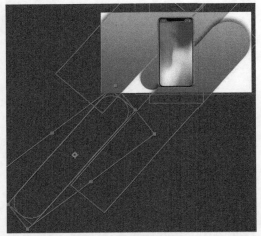

图12.14 绘制图形

10 在时间线面板中选中"形状图层1"图层，在"效果控件"面板中，同时选中梯度渐变及投影，按Ctrl+C组合键将其复制，再选中"形状图层5"图层，在"效果控件"面板中，同时选中梯度渐变及投影，按Ctrl+V组合键将其粘贴，如图12.15所示。

图12.15 粘贴效果

11 在时间线面板中，选中"形状图层5"图层，将时间调整到00:00:01:10帧的位置，按P键打开"位置"，单击"位置"左侧码表 ▇，在当前位置添加关键帧。

12 将时间调整至0:00:02:10位置，在图像中向右上角拖动圆角矩形，系统将自动添加关键帧，如图12.16所示。

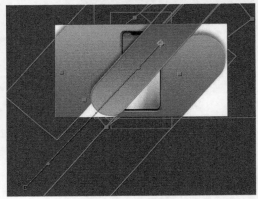

图12.16 添加关键帧

12.1.3 制作完整图形动画

01 以同样方法再绘制数个相似圆角矩形，并为圆角矩形制作动画效果，如图12.17所示。

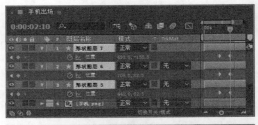

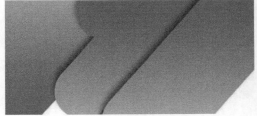

图12.17 制作动画

02 在"项目"面板中，选中"手机2.png"素材，将其拖至时间线面板中并适当旋转，如图12.18所示。

图12.18　添加素材

03 在时间线面板中，选中"手机2.png"图层，将时间调整到00:00:02:00帧的位置，按P键打开"位置"，单击"位置"左侧码表 ，在当前位置添加关键帧。

04 将时间调整至0:00:03:00位置，在图像中将手机图像向右上角方向拖动，系统将自动添加关键帧，如图12.19所示。

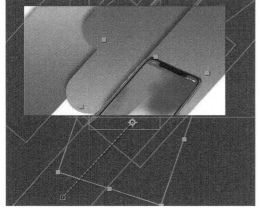

图12.19　拖动图像

05 将时间调整至0:00:04:00位置，在图像中将手机图像向右上角方向再次拖动，系统将自动添加关键帧，如图12.20所示。

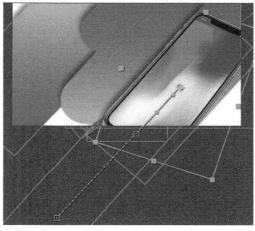

图12.20　再次拖动图像

12.1.4　添加文字信息

01 选择工具箱中的"横排文字工具" ，在图像中适当位置添加文字，如图12.21所示。

图12.21　添加文字

02 在时间线面板中，选中"Amazing…"图层，将时间调整到00:00:02:00帧的位置，在"效果和预设"面板中展开"模糊和锐化"特效组，然后双击"快速方框模糊"特效。

03 在"效果控件"面板中，修改"快速方框模糊"特效的参数，设置"模糊半径"为300，并单击其左侧码表按钮，在当前位置添加关键帧，如图12.22所示。

图12.22 添加关键帧

04 将时间调整到00:00:03:00帧的位置，将"模糊半径"更改为30，将时间调整到00:00:04:00帧的位置，将"模糊半径"更改为10，将时间调整到00:00:04:10帧的位置，将"模糊半径"更改为0，系统将自动添加关键帧，如图12.23所示。

图12.23 更改模糊半径

05 选择工具箱中的"钢笔工具"，在文字下方绘制一条水平线段，将"填充"更改为无，"描边"为白色，"描边宽度"为2像素，将生成1个"形状图层8"图层，如图12.24所示。

Amazing
It brings a full screen new design,
ID features that can use your face as a password,
and iPhone's most powerful and intelligent chip so far.

图12.24 绘制线段

图12.24 绘制线段（续）

06 在时间线面板中，选中"形状图层 8"图层，在"效果和预设"面板中展开"扭曲"特效组，然后双击"波形变形"特效。

07 在"效果控件"面板中，修改"波形变形"特效的参数，设置"波浪高度"为4，"波形宽度"为15，"方向"为90，"波形速度"为1，如图12.25所示。

图12.25 设置波形变形

08 用以上同样方法为线段添加快速方框模糊效果，并添加与文字图层相同的模糊关键帧动画效果，如图12.26所示。

图12.26 制作模糊动画效果

09 这样就完成了最终整体效果的制作，按小键盘上的"0"键即可在合成窗口中预览动画。

12.2 旅游宣传片设计

◆**实例分析**

　　本例主要讲解旅游宣传片设计。本例的设计重点在于表现旅游目的地的特征，整个宣传片的视觉效果非常出色，最终效果如图 12.27 所示。

图12.27　动画流程画面

◆本例知识点

1．"纯色"命令
2．"分形杂色"
3．"色相／饱和度"
4．"矩形工具"
5．"横排文字工具"

12.2.1　打造画面动画

01 执行菜单栏中的"合成"|"新建合成"命令，打开"合成设置"对话框，设置"合成名称"为"宣传片"，"宽度"为"720"，"高度"为"405"，"帧速率"为"25"，并设置"持续时间"为00:00:10:00，"背景颜色"为黑色，完成之后单击"确定"按钮，如图12.28所示。

图12.28　新建合成

02 执行菜单栏中的"文件"|"导入"|"文件"命令，打开"导入文件"对话框，选择"图像"文件夹，单击"导入文件夹"按钮，再以同样方法选中"剪影.png、图标.png"文件，单击"导入"按钮，如图12.29所示。

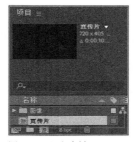

图12.29　导入素材

03 在"项目"面板中，选中"图像"素材文件夹，将其拖至时间线面板中并按名称顺序进行排列，如图12.30所示。

图12.30　添加素材

04 在时间线面板中，选中"图像10.jpg"图层，将时间调整到00:00:00:03帧的位置，按 [键设置入场，选中"图像9.jpg"图层，将时间调整到00:00:00:06帧的位置，按 [键设置入场，选中"图像8.jpg"图层，将时间调整到00:00:00:09帧的位置，按[键设置入场，如图12.31所示。

图12.31 设置入场

05 用以上同样方法进行设置，依次类推，每增加3帧就为其上方图层设置入场，如图12.32所示。

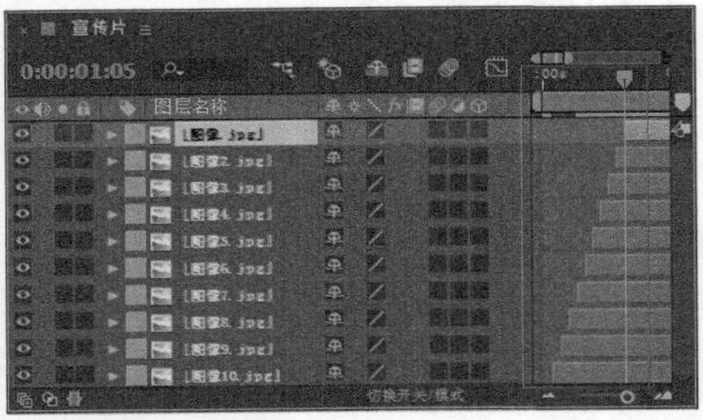

图12.32 为图层设置入场

06 执行菜单栏中的"图层"|"新建"|"纯色"命令，在弹出的对话框中将"名称"更改为"光"，"颜色"更改为黑色，完成之后单击"确定"按钮。

07 在时间线面板中，选中"光"图层，在"效果和预设"面板中展开"杂色和颗粒"特效组，然后双击"分形杂色"特效。

08 在"效果控件"面板中，修改"分形杂色"特效的参数，设置"分形类型"为动态渐进，"杂色类型"为样条，"对比度"为350，"亮度"为-40，"复杂度"为1，按住Alt键单击"演化"左侧码表 按钮，输入表达式："time*200"，如图12.33所示。

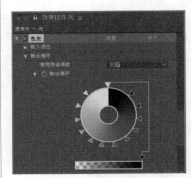

图12.33 设置分形杂色

图12.33 设置分形杂色（续）

09 在"效果和预设"面板中展开"颜色校正"特效组，然后双击"色相/饱和度"特效。

10 在"效果控件"面板中，修改"色相/饱和度"特效的参数，设置"主亮度"为-25，如图12.34所示。

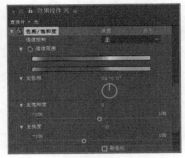

图12.34 调整主亮度

11 在"效果和预设"面板中展开"颜色校正"特效组，然后双击"色光"特效。

12 在"效果控件"面板中，修改"色光"特效的参数，展开"输出循环"选项组，设置"使用预设调板"为"火焰"，如图12.35所示。

图12.35 设置色光

13 在"效果和预设"面板中展开"模糊和锐化"特效组，然后双击"快速方框模糊"特效。

14 在"效果控件"面板中，修改"快速方框模糊"特效的参数，设置"模糊半径"为150，如图12.36所示。

图12.36　设置快速方框模糊

15 在时间线面板中，选中"光"图层，将其"图层模式"更改为屏幕，如图12.37所示。

图12.37　设置图层模式

12.2.2 制作主题背景

01 执行菜单栏中的"图层"|"新建"|"纯色"命令，在弹出的对话框中将"名称"更改为"底纹"，"颜色"更改为蓝色（R：48，G：160，B：239），完成之后单击"确定"按钮。

02 将时间调整到00:00:01:08帧的位置，按[键设置入场，如图12.38所示。

图12.38　新建纯色图层

03 在"项目"面板中，选中"剪影.png"素材，将其拖至时间线面板中，在图像中底部将其等比缩小，如图12.39所示。

图12.39　添加素材

04 在时间线面板中，选中"剪影.png"图层，将其"图层模式"更改为"柔光"，按T键打开"不透明度"，将"不透明度"更改为30，再按[键设置入场，如图12.40所示。

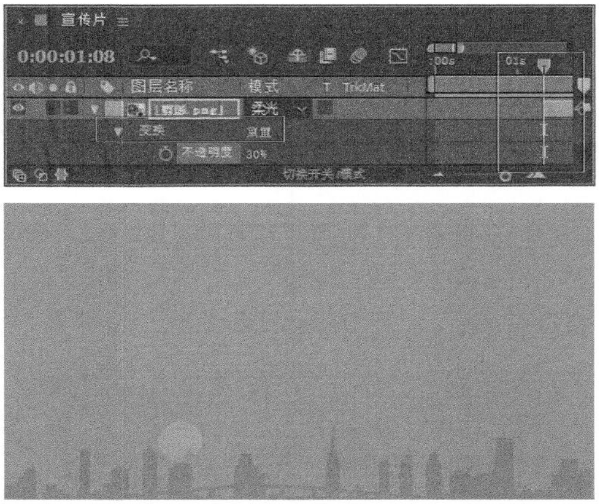

图12.40　更改图层模式

05 执行菜单栏中的"图层"|"新建"|"纯色"命令，在弹出的对话框中将"名称"更改为过渡1，"颜色"更改为蓝色（R：0，G：121，B：206），完成之后单击"确定"按钮。

06 在时间线面板中，选中"过渡1"图层，在"效果和预设"面板中展开"透视"特效组，然后双击"投影"特效。

07 在"效果控件"面板中，修改"投影"特效的参数，设置"阴影颜色"为蓝色（R：0，G：23，B：39），"不透明度"为50，"方向"为-90，"距离"为3，"柔和度"为9，如图12.41所示。

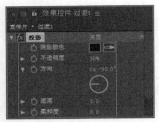
图12.41　设置投影

08 在时间线面板中，选中"过渡1"图层，按Ctrl+D组合键将图层复制两份，并分别重命名为"过渡2"及"过渡3"，并将"过渡2"中颜色更改为浅红色（R：255，G：113，B：150），将"过渡3"中颜色更改为黄色（R：255，G：210，B：0），如图12.42所示。

图12.42　复制图层

09 在时间线面板中，同时选中3个过渡图层，在图像中将其向右侧移至图像之外区域，如图12.43所示。

图12.43　移动图像

10 在时间线面板中，选中"过渡1"图层，将时间调整到00：00：01：00帧的位置，按P键打开"位置"，单击"位置"左侧码表，在当前位置添加关键帧，如图12.44所示。

图12.44　添加关键帧

11 将时间调整到00：00：02：00帧的位置，将图像向左侧拖动至图像之外区域，系统将自动添加关键帧，如图12.45所示。

图12.45　拖动图像

12 在时间线面板中，选中"过渡2"图层，将时间调整到00：00：01：04帧的位置，按P键打开"位置"，单击"位置"左侧码表，在当前位置添加关键帧，如图12.46所示。

图12.46　添加关键帧

13 将时间调整到00：00：02：00帧的位置，将图像向左侧拖动图像之外区域，系统将自动添加关键帧，如图12.47所示。

图12.47　拖动图像

14 在时间线面板中，选中"过渡3"图层，将时间调整到00:00:01:05帧的位置，按P键打开"位置"，单击"位置"左侧码表 ，在当前位置添加关键帧，如图12.48所示。

图12.48　添加关键帧

15 将时间调整到00:00:02:08帧的位置，将图像向左侧拖动图像，系统将自动添加关键帧，如图12.49所示。

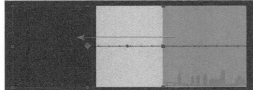

图12.49　拖动图像

16 选择工具箱中的"矩形工具" ，选中"过渡3"图层，在左侧区域绘制1个矩形蒙版，如图12.50所示。

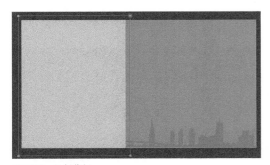

图12.50　绘制蒙版

17 在时间线面板中，将时间调整到00:00:02:08帧的位置，展开"蒙版 1"，单击"蒙版路径"左侧码表 按钮，在当前位置添加关键帧，如图12.51

所示。

图12.51　添加关键帧

18 将时间调整到00:00:03:00帧的位置，同时选中右侧两个锚点向左侧拖动，系统将自动添加关键帧，如图12.52所示。

图12.52　拖动锚点

12.2.3　制作文字动画

01 选择工具箱中的"横排文字工具" ，在图像中添加文字，如图12.53所示。

图12.53　添加文字

02 在时间线面板中，选中"bloom"图层，在"效果和预设"面板中展开"透视"特效组，然后双击"投影"特效。

03 在"效果控件"面板中,修改"投影"特效的参数,设置"距离"为3,"柔和度"为2,如图12.54所示。

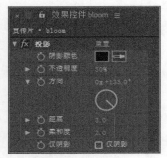

图12.54 设置投影

04 在时间线面板中,选中"bloom"图层,将时间调整到00:00:01:07帧的位置,按P键打开"位置",单击"位置"左侧码表,在当前位置添加关键帧,并在图像中将文字向右侧拖动,如图12.55所示。

图12.55 添加关键帧

05 将时间调整到00:00:02:07帧的位置,将文字向左侧拖动,系统将自动添加关键帧,如图12.56所示。

图12.56 拖动文字

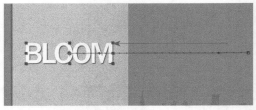

图12.56 拖动文字(续)

06 选择工具箱中的"矩形工具",在文字左侧位置绘制1个矩形蒙版,如图12.57所示。

图12.57 绘制蒙版

07 在时间线面板中,选中"bloom"图层,将时间调整到00:00:01:07帧的位置,展开"蒙版1"|"蒙版路径",单击"蒙版路径"左侧码表按钮,在当前位置添加关键帧,如图12.58所示。

图12.58 添加关键帧

08 将时间调整到00:00:02:07帧的位置,同时选中蒙版右侧的两个锚点向右侧拖动,系统将自动添加关键帧,如图12.59所示。

图12.59 拖动锚点

09 在时间线面板中，选中"bloom"图层，将时间调整到00:00:03:02帧的位置，按S键打开"缩放"，单击"缩放"左侧码表图标，在当前位置添加关键帧，如图12.60所示。

图12.60　添加关键帧

10 将时间调整到00:00:04:00帧的位置，将"缩放"更改为（60，60），系统将自动添加关键帧，如图12.61所示。

图12.61　缩小文字

11 将时间调整到00:00:03:02帧的位置，按P键打开"位置"，单击位置左侧"在当前时间添加或移除关键帧"图标，为其添加1个延时帧，如图12.62所示。

图12.62　添加延时帧

12 将时间调整到00:00:04:00帧的位置，将文字向上拖动，系统将自动添加关键帧，如图12.63所示。

图12.63　拖动文字

13 在时间线面板中，将时间调整到00:00:03:02帧的位置，在"效果和预设"面板中展开"生成"特效组，然后双击"梯度渐变"特效。

14 在"效果控件"面板中，修改"梯度渐变"特效的参数，设置"渐变起点"为（180，169），"起始颜色"为灰色（R：158，G：162，B：169），"渐变终点"为（180，188），"结束颜色"为白色，单击"与原始图像混合"左侧码表按钮，在当前位置添加关键帧，并将其数值更改为100，并将"梯度渐变"效果移至"投影"效果上方，如图12.64所示。

图12.64　添加关键帧

提示

> 在"效果控件"面板中，添加的效果前后顺序不同，其带来的效果也不同。

15 将时间调整到00:00:04:00帧的位置，将"与原始图像混合"更改为0，系统将自动添加关键帧，如图12.65所示。

图12.65　更改参数

12.2.4 调出文字动画细节

01 选择工具箱中的"横排文字工具"，在图像中添加文字，如图12.66所示。

图12.66　添加文字

02 选中"bloom"图层，在"效果控件"面板中，选中"投影"效果，按Ctrl+C组合键将其复制，再选中"discover"图层，在"效果控件"面板中，按Ctrl+V组合键将其粘贴，并将"距离"更改为2，如图12.67所示。

图12.67　复制及粘贴效果

图12.67　复制及粘贴效果（续）

03 在时间线面板中，选中"discover"图层，将时间调整到00:00:01:07帧的位置，按P键打开"位置"，单击"位置"左侧码表，在当前位置添加关键帧，并在图像中将文字向左侧拖动，如图12.68所示。

图12.68　添加关键帧

04 将时间调整到00:00:02:07帧的位置，将文字向右侧拖动，系统将自动添加关键帧，如图12.69所示。

图12.69　拖动文字

05 选择工具箱中的"矩形工具" ■，在文字右侧位置绘制1个矩形蒙版，如图12.70所示。

图12.70　绘制蒙版

06 在时间线面板中，选中"discover"图层，将时间调整到00:00:01:07帧的位置，展开"蒙版1"|"蒙版路径"，单击"蒙版路径"左侧码表 ■ 按钮，在当前位置添加关键帧，如图12.71所示。

图12.71　添加关键帧

07 将时间调整到00:00:02:07帧的位置，同时选中蒙版左侧的两个锚点向左侧拖动，将文字完整显示，系统将自动添加关键帧，如图12.72所示。

图12.72　拖动锚点

08 在时间线面板中，选中"discover"图层，将时间调整到00:00:03:02帧的位置，按S键打开"缩放"，单击"缩放"左侧码表 ■，在当前位置添加

关键帧，如图12.73所示。

图12.73　添加关键帧

09 将时间调整到00:00:04:00帧的位置，将"缩放"更改为（60，60），系统将自动添加关键帧，如图12.74所示。

图12.74　缩小文字

10 将时间调整到00:00:03:02帧的位置，按P键打开"位置"，单击位置左侧"在当前时间添加或移除关键帧" ■，为其添加1个延时帧，如图12.75所示。

图12.75　添加延时帧

11 将时间调整到00:00:04:00帧的位置，将文字向右侧拖动与下方文字对齐，系统将自动添加关键帧，如图12.76所示。

图12.76　拖动文字

12 选择工具箱中的"横排文字工具" ，在图像中添加文字，如图12.77所示。

图12.77　添加文字

13 在时间线面板中，选中"village"图层，将时间调整到00:00:04:00帧的位置，按P键打开"位置"，单击"位置"左侧码表 ，在当前位置添加关键帧，并将文字向上移动，如图12.78所示。

图12.78　添加关键帧

14 将时间调整到00:00:04:10帧的位置，将文字向下拖动，系统将自动添加关键帧，如图12.79所示。

图12.79　拖动文字

15 选择工具箱中的"矩形工具" ，在文字位置绘制1个矩形蒙版，如图12.80所示。

图12.80　绘制蒙版

16 在时间线面板中，选中"village"图层，将时间调整到00:00:04:00帧的位置，展开"蒙版1"|"蒙版路径"，单击"蒙版路径"左侧码表 按钮，在当前位置添加关键帧，如图12.81所示。

图12.81　添加关键帧

17 将时间调整到00:00:05:00帧的位置，同时选中蒙版底部和顶部的两个锚点向下方和上方拖动，将文字完整显示，系统将自动添加关键帧，如图12.82所示。

图12.82　拖动锚点

12.2.5　制作装饰条动画

01 选择工具箱中的"矩形工具"■，绘制1个细长矩形，设置"填充"为白色，"描边"为无，将生成1个"形状图层1"图层，如图12.83所示。

图12.83　绘制图形

02 在时间线面板中，选中"形状图层1"图层，将时间调整到00:00:02:07帧的位置，按S键打开"缩放"，单击"约束比例"■，将数值更改为（0，100），再单击左侧码表■，在当前位置添加关键帧，如图12.84所示。

图12.84　添加关键帧

03 将时间调整到00:00:05:00帧的位置，将"缩放"更改为（83，100），系统将自动添加关键帧，如图12.85所示。

图12.85　更改数值

04 在"项目"面板中，选中"图标.png"素材，将其拖至时间线面板中，在图像中将其移至适当位置，如图12.86所示。

图12.86　添加素材

05 选择工具箱中的"横排文字工具"■，在图像中添加文字，如图12.87所示。

图12.87　添加文字

06 在时间线面板中，同时选中"Happy Tourism""gca"及"图标.png"图层，单击鼠标右键，从弹出的快捷菜单中选择"预合成"命令，在弹出的对话框中将"名称"更改为"图标"，如图12.88所示。

图12.88　添加预合成

07 选择工具箱中的"矩形工具" ，在文字位置绘制1个矩形蒙版，如图12.89所示。

图12.89　绘制蒙版

08 在时间线面板中，选中"图标"图层，将时间调整到00:00:03:10帧的位置，展开"蒙版1"|"蒙版路径"，单击"蒙版路径"左侧码表按钮，在当前位置添加关键帧。

09 将时间调整到00:00:05:00帧的位置，同时选中蒙版右侧的两个锚点向右侧拖动，将图标完整显示，系统将自动添加关键帧，如图12.90所示。

图12.90　拖动锚点

12.2.6　添加高光装饰动画

01 选择工具箱中的"矩形工具" ，在文字左下角位置绘制1个细长矩形，将生成1个"形状图层2"图层，将其移至"village"图层上方，如图12.91所示。

图12.91　绘制矩形

02 在时间线面板中，选中"形状图层2"图层，在"效果和预设"面板中展开"模糊和锐化"特效组，然后双击"快速方框模糊"特效。

03 在"效果控件"面板中，修改"快速方框模糊"特效的参数，设置"模糊半径"为7，如图12.92所示。

图12.92　设置快速方框模糊

04 在时间线面板中，选中"形状图层2"图层，将时间调整到00:00:04:12帧的位置，按P键打开"位置"，单击"位置"左侧码表，在当前位置添加关键帧，如图12.93所示。

图12.93　添加关键帧

05 将时间调整到00:00:06:00帧的位置，将图像向右侧拖动，系统将自动添加关键帧，如图12.94所示。

图12.94 拖动图像

06 在时间线面板中，选中"village"图层，按 Ctrl+D组合键复制1份"village2"图层。

07 选中"形状图层 2"图层，将其轨道遮罩更改为"Alpha 遮罩'village2'"，如图12.95 所示。

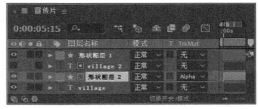

图12.95 设置轨道遮罩

08 在时间线面板中，选中"光"图层，将时间调整到00:00:00:00帧的位置，按T键打开"不透明度"，单击"不透明度"左侧码表，将"不透明度"更改为0，在当前位置添加关键帧。

09 将时间调整到00:00:00:02帧的位置，将"不透明度"更改为100，系统将自动添加关键帧，如图12.96所示。

图12.96 更改数值

10 这样就完成了最终整体效果的制作，按小键盘上的"0"键即可在合成窗口中预览动画。

12.3 电影频道标志动画设计

◆ 实例分析

本例主要讲解电影频道标志动画设计。本例的设计围绕电影主题进行，通过绘制图形模拟出胶片图像，完美地表现出主题，整体动画效果非常漂亮，最终效果如图 12.97 所示。

难　度：★★★★
工程文件：第 12 章\12.3\ 电影频道标志动画设计 .aep
在线视频：第 12 章\12.3 电影频道标志动画设计 .avi

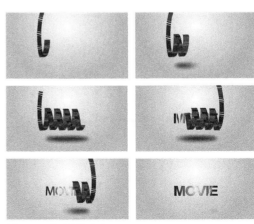

图12.97 动画流程画面

◆本例知识点

1．"圆角矩形工具"
2．"矩形工具"
3．"动态拼贴"
4．"CC Cylinder"
5．"曲线"

12.3.1 制作胶片素材

01 执行菜单栏中的"合成"|"新建合成"命令，打开"合成设置"对话框，设置"合成名称"为"胶片"，"宽度"为"200"，"高度"为"113"，"帧速率"为"25"，并设置"持续时间"为00:00:10:00，"背景颜色"为黑色，完成之后单击"确定"按钮，如图12.98所示。

图12.98　新建合成

02 选中工具箱中的"圆角矩形工具" ，绘制1个圆角矩形，设置"填充"为灰色（R：72，G：72，B：72），"描边"为无，将生成1个"形状图层1"图层，如图12.99所示。

图12.99　绘制图形

03 选择工具箱中的"矩形工具" ，在左上角绘制1个黑色矩形，将生成1个"形状图层2"图层，如图12.100所示。

图12.100　绘制图形

提示

为了方便观察所绘制图形的颜色，可单击"切换透明网格" 图标。

04 在时间线面板中，展开"形状图层2"图层，单击"内容"右侧的"添加" 按钮，在弹出的菜单中选择"中继器"，将"副本"更改为30，"位置"更改为（0，10），如图12.101所示。

图12.101　添加中继器

05 在时间线面板中，选中"形状图层2"图层，按Ctrl+D组合键将图层复制1份，将生成1个"形状图层3"图层，在图像中将图形平移至右侧的相对位置，如图12.102所示。

图12.102　复制图层

236

12.3.2 打造滚动胶片动画

01 执行菜单栏中的"合成"|"新建合成"命令，打开"合成设置"对话框，设置"合成名称"为"滚动胶片"，"宽度"为"720"，"高度"为"405"，"帧速率"为"25"，并设置"持续时间"为00:00:10:00，"背景颜色"为黑色，完成之后单击"确定"按钮，如图12.103所示。

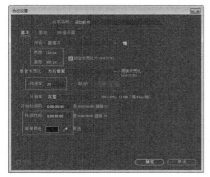

图12.103　新建合成

02 在"项目"面板中，选中"胶片"合成，将其拖至时间线面板中，在图像中将其等比缩小并适当旋转，如图12.104所示。

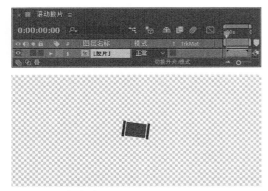

图12.104　添加素材

03 在时间线面板中，选中"胶片"合成，在"效果和预设"面板中展开"风格化"特效组，然后双击"动态拼贴"特效。

04 在"效果控件"面板中，修改"动态拼贴"特效的参数，设置"相位"为359，勾选"水平位移"复选框，如图12.105所示。

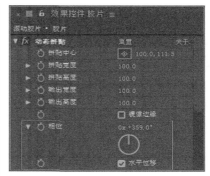

图12.105　设置动态拼贴

05 按住Alt键单击"拼贴中心"左侧码表 按钮，输入（x = time*(-1100);

y =58;

[x,y]），如图12.106所示。

图12.106　输入表达式

06 在时间线面板中，选中"胶片"合成，在"效果和预设"面板中展开"风格化"特效组，然后双击"CC RepeTile（CC 边缘拼贴）"特效。

07 在"效果控件"面板中，修改特效的参数，设置"Expand Right（扩展右侧）"为15000，"Expand Left（扩展左侧）"为13000，"Tiling（拼贴）"为"Repeat（重复）"，如图12.107所示。

图12.107　设置CC RepeTile

08 执行菜单栏中的"图层"|"新建"|"纯色"命令，在弹出的对话框中将"颜色"更改为灰色

（R：153，G：153，B：153），完成之后单击"确定"按钮。

09 在时间线面板中，选中"灰色 纯色 1"图层，在"效果和预设"面板中展开"过渡"特效组，然后双击"线性擦除"特效。

10 将时间调整到00:00:00:00帧的位置，在"效果控件"面板中，修改"线性擦除"特效的参数，设置"过渡完成"为100，并单击其左侧码表按钮，在当前位置添加关键帧，"擦除角度"为96，如图12.108所示。

图12.108　设置线性擦除

11 在时间线面板中，将时间调整到00:00:00:12帧的位置，将"过渡完成"更改为0，系统将自动添加关键帧，如图12.109所示。

图12.109　更改数值

12 在时间线面板中，将时间调整到00:00:02:00帧的位置，在"效果和预设"面板中展开"过渡"特效组，然后双击"线性擦除"特效。

13 在"效果控件"面板中，修改"线性擦除"特效的参数，设置"过渡完成"为0，并单击其左侧码表按钮，在当前位置添加关键帧，"擦除角度"为-84，如图12.110所示。

图12.110　设置线性擦除

14 在时间线面板中，将时间调整到00:00:02:13帧的位置，将"过渡完成"更改为100，系统将自动添加关键帧，如图12.111所示。

图12.111　更改数值

15 选中"胶片"合成，将其轨道遮罩更改为"Alpha 遮罩'灰色纯色1'"，如图12.112所示。

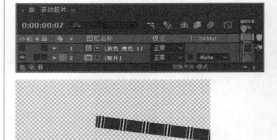

图12.112　设置轨道遮罩

12.3.3 制作转圈胶片1

01 执行菜单栏中的"合成"|"新建合成"命令，打开"合成设置"对话框，设置"合成名称"为"动画场景"，"宽度"为"720"，"高度"为"405"，"帧速率"为"25"，并设置"持续时间"为00:00:10:00，"背景颜色"为黑色，完成之后单击"确定"按钮，如图12.113所示。

图12.113　新建合成

02 执行菜单栏中的"图层"|"新建"|"纯色"命令，在弹出的对话框中将"名称"更改为"背景"，"颜色"更改为黑色，完成之后单击"确定"按钮。

03 在时间线面板中，选中"背景"图层，在"效果和预设"面板中展开"生成"特效组，然后双击"梯度渐变"特效。

04 在"效果控件"面板中，修改"梯度渐变"特效的参数，设置"渐变起点"为（360，87）"起始颜色"为白色，"渐变终点"为（360，405），"结束颜色"为蓝色（R：190，G：205，B：220），"渐变形状"为"径向渐变"，"渐变散射"为6，如图12.114所示。

图12.114　设置梯度渐变

05 在"项目"面板中，选中"滚动胶片"合成，将其拖至时间线面板中并向左移，稍微移至图像之外一部分，如图12.115所示。

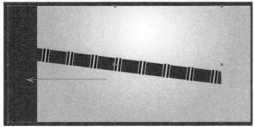

图12.115　添加素材

06 选择工具箱中的"矩形工具" ■，在图像中绘制1个矩形蒙版，将部分图像隐藏，如图12.116所示。

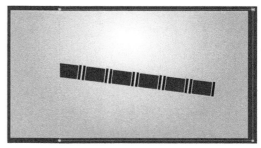

图12.116　绘制矩形蒙版

07 在时间线面板中，选中"滚动胶片"合成，在"效果和预设"面板中展开"透视"特效组，然后双击"CC Cylinder（CC 圆柱体）"特效。

08 在"效果控件"面板中，修改特效的参数，设置"Radius（半径）"为200，"Position X（X轴位置）"为-40，"Position Y（Y轴位置）"为-50，"Position Z（Z轴位置）"为450。

09 展开"Rotation（旋转）"选项组，将"Rotation X（X轴旋转）"更改为-193，"Rotation Y（Y轴旋转）"更改为63，"Rotation Z（Z轴旋转）"更改为-269，如图12.117所示。

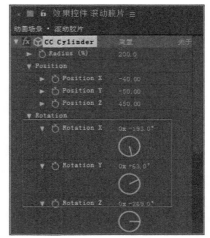

图12.117　设置CC Cylinder

10 展开"Light（灯光）"选项组，将"Light Direction（灯光方向）"更改为7，如图12.118所示。

图12.118 设置Light

11 在时间线面板中，按S键打开"缩放"，单击"约束比例" ![]按钮，将"缩放"更改为（100，-100），如图12.119所示。

图12.119 更改比例

提示

更改比例的目的是对图像进行水平翻转，除更改缩放参数之外，还可以利用"变换"中的"水平翻转"命令，只要将其水平翻转即可。

12.3.4 制作转圈胶片2

01 在"项目"面板中，选中"滚动胶片"合成，将其拖至时间线面板中并将其重命名为"滚动胶片2"，如图12.120所示。

图12.120 添加素材

02 在时间线面板中，选中"滚动胶片2"合成，在"效果和预设"面板中展开"透视"特效组，然后双击"CC Cylinder（CC 圆柱体）"特效。

03 在"效果控件"面板中，修改特效的参数，设置"Radius（半径）"为83，"Position X（X轴位置）"为-170，"Position Y（Y轴位置）"为20，"Position Z（Z轴位置）"为240。

04 展开"Rotation（旋转）"选项组，将"Rotation X（X轴旋转）"更改为-17，"Rotation Y（Y轴旋转）"更改为-98，"Rotation Z（Z轴旋转）"更改为87，将"Render（渲染）"更改为"Outside（外部）"，如图12.121所示。

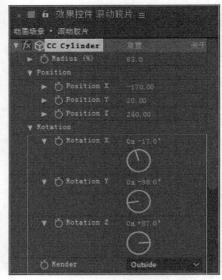

图12.121 设置CC Cylinder

05 展开"Light（灯光）"选项组，将"Light Height（灯光高度）"更改为54，"Light Direction（灯光方向）"为0，如图12.122所示。

图12.122 设置Light

图12.122 设置Light（续）

提示

在设置完成之后可适当将胶片图像移动或缩放。

06 在时间线面板中，选中"滚动胶片2"图层，将时间调整到00:00:00:02帧的位置，按[键确认当前图层动画入场位置，如图12.123所示。

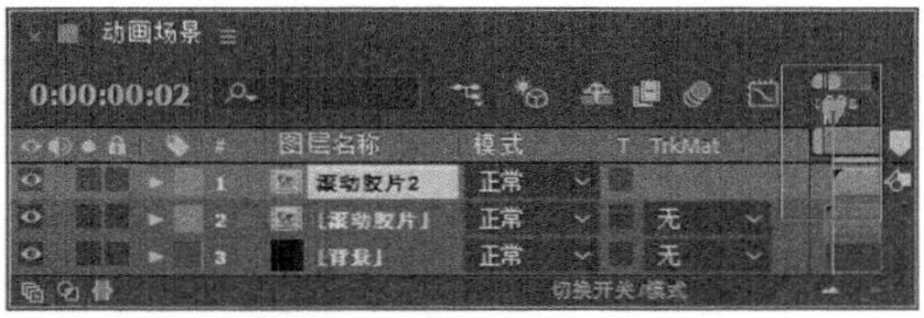

图12.123 设置动画入场

07 在"项目"面板中，选中"滚动胶片"合成，将其拖至时间线面板中并将其重命名为"滚动胶片3"，并将其移至"滚动胶片2"图层下方，如图12.124所示。

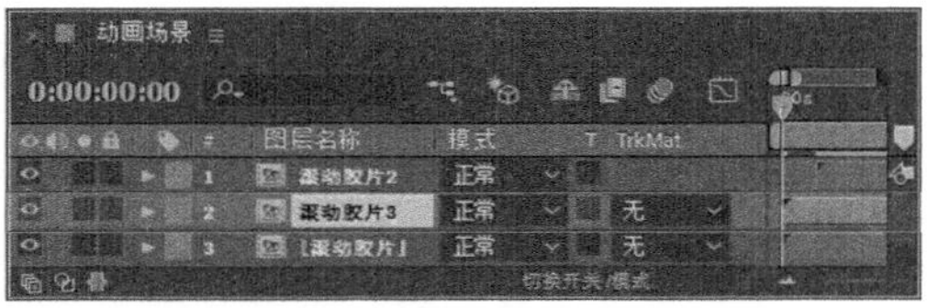

图12.124 添加素材

08 在时间线面板中，选中"滚动胶片3"合成，在"效果和预设"面板中展开"透视"特效组，然后双击"CC Cylinder（CC 圆柱体）"特效。

09 在"效果控件"面板中，修改特效的参数，设置"Radius（半径）"为82，"Position X（X轴位置）"为460，"Position Y（Y轴位置）"为-10，"Position Z（Z轴位置）"为370。

10 展开"Rotation（旋转）"选项组，将"Rotation X（X轴旋转）"更改为24，"Rotation Y（Y轴旋转）"更改为247，"Rotation Z（Z轴旋转）"更改为91，将"Render（渲染）"更改为"Inside（内部）"，并在图像中适当移动胶片图像，如图12.125所示。

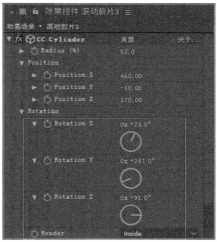

图12.125 设置CC Cylinder

11 在时间线面板中，选中"滚动胶片3"图层，将时间调整到00:00:00:12帧的位置，按[键确认当前图层动画入场位置，如图12.126所示。

图12.126 设置动画入场

12 在"项目"面板中，选中"滚动胶片"合成，将其拖至时间线面板中，并将其图层名称更改为"滚动胶片4"，如图12.127所示。

图12.127 添加素材

13 在时间线面板中，选中"滚动胶片4"合成，在"效果和预设"面板中展开"透视"特效组，然后双击"CC Cylinder CC 圆柱体）"特效。

14 在"效果控件"面板中，修改特效的参数，设置"Radius（半径）"为76，"Position X（X轴位置）"为-160，"Position Y（Y轴位置）"为20，"Position Z（Z轴位置）"为240。

15 展开"Rotation（旋转）"选项组，将"Rotation X（X轴旋转）"更改为-20，"Rotation Y（Y轴旋转）"更改为-60，"Rotation Z（Z轴旋转）"更改为88，将"Render（渲染）"更改为"Outside（外部）"，如图12.128所示。

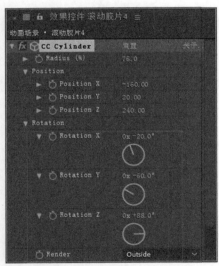
图12.128 设置CC Cylinder

16 展开"Light（灯光）"选项组，将"Light Intensit（灯光亮度）"更改为160，"Light Height（灯光高度）"更改为63，"Light Direction（灯光方向）"更改为35，如图12.129所示。

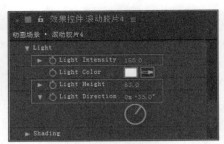

图12.129 设置Light

17 在时间线面板中，选中"滚动胶片4"图层，将时间调整到00:00:00:15帧的位置，按[键确认当前图层动画入场位置，如图12.130所示。

图12.130 设置动画入场

18 用以上同样方法再制作几个相似的图像，形成1个完整的滚动胶片图像，如图12.131所示。

图12.131 制作滚动胶片图像

提示

制作几个滚动胶片之后，注意需要调整当前胶片图层的入场。

19 在时间线面板中，选中"滚动胶片"图层，按Ctrl+D组合键将图层复制1份，将复制生成的图层名称更改为"滚动胶片结尾"，将其移至所有图层上方，如图12.132所示。

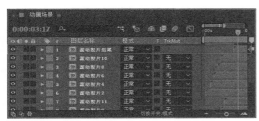

图12.132　复制图层

20 选中"滚动胶片结尾"图层，在"效果控件"面板中，调整参数，使其与滚动胶片完美结合形成1个整体，如图12.133所示。

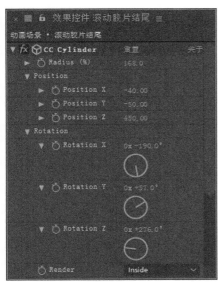

图12.133　调整参数

提示

制作完结尾胶片之后注意需要调整其入场位置。

提示

当滚动胶片图像制作完成后，可同时选中所有图层，在图像中适当移动位置，尽量使其位于背景正中心位置。不过，在带有位置关键帧的对象上此方法不适用。

12.3.5　添加阴影动画元素

01 选择工具箱中的"椭圆工具" ，绘制1个椭圆，设置"填充"为黑色，"描边"为无，将生成1个"形状图层 1"图层，如图12.134所示。

图12.134　绘制图形

02 在时间线面板中，选中"形状图层 1"图层，在"效果和预设"面板中展开"模糊和锐化"特效组，然后双击"快速方框模糊"特效。

03 在"效果控件"面板中，修改"快速方框模糊"特效的参数，设置"模糊半径"为25，如图12.135所示。

图12.135　设置快速方框模糊

04 选择工具箱中的"矩形工具" ■，在阴影图像左侧绘制1个矩形蒙版，如图12.136所示。

图12.136 绘制蒙版

05 按F键打开"蒙版羽化"，将"蒙版羽化"更改为（80，80），如图12.137所示。

图12.137 添加蒙版羽化

06 在时间线面板中，选中"形状图层1"图层，将时间调整到00:00:00:12帧的位置，单击"蒙版路径"左侧码表 ，在当前位置添加关键帧，如图12.138所示。

图12.138 添加关键帧

07 将时间调整到00:00:02:17帧的位置，同时选中蒙版右侧的两个锚点向右侧拖动，系统将自动添加关键帧，如图12.139所示。

图12.139 拖动锚点

图12.139 拖动锚点（续）

08 将时间调整到00:00:04:12帧的位置，同时选中蒙版左侧的两个锚点向右侧拖动，系统将自动添加关键帧，如图12.140所示。

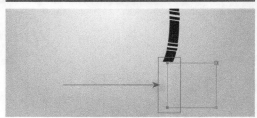

图12.140 拖动锚点

12.3.6 打造胶片字动画

01 执行菜单栏中的"合成"|"新建合成"命令，打开"合成设置"对话框，设置"合成名称"为"文字"，"宽度"为"720"，"高度"为"405"，"帧速率"为"25"，并设置"持续时间"为00:00:10:00，"背景颜色"为黑色，完成之后单击"确定"按钮。

02 选择工具箱中的"横排文字工具" ■，在图像中添加文字（方正兰亭特黑_GBK），如图12.141所示。

图12.141 添加文字

03 在时间线面板中，选中"MOVIE"图层，在"效果和预设"面板中展开"生成"特效组，然后双击"梯度渐变"特效。

04 在"效果控件"面板中，修改"梯度渐变"特效的参数，设置"渐变起点"为（361，195），"起始颜色"为白色，"渐变终点"为（490，203），"结束颜色"为深蓝色（R：5，G：11，B：14），如图12.142所示。

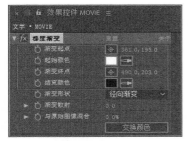

图12.142　设置梯度渐变

05 在"项目"面板中，选中"滚动胶片"素材，将其拖至时间线面板中，在图像中将其等比放大及旋转，使其完全覆盖其下方文字，如图12.143所示。

图12.143　添加素材图像

06 选中"MOVIE"图层，将其轨道遮罩更改为"Alpha 遮罩'滚动胶片'"，如图12.144所示。

图12.144　设置轨道遮罩

07 在时间线面板中，将时间调整到00:00:02:05帧的位置，选中"MOVIE"图层，按Ctrl+D组合键将图层复制1份，选中生成的"MOVIE2"图

层，按[键设置当前图层入场，如图12.145所示。

图12.145　设置入场

08 在"项目"面板中，选中"文字"合成，将其拖至时间线面板中并移至"背景"图层上方，将时间调整到00:00:02:00帧的位置，按[键设置动画入场，如图12.146所示。

图12.146　添加素材

09 选择工具箱中的"矩形工具"，在文字左侧绘制1个细长矩形，并将其适当旋转，将生成1个"形状图层2"图层，如图12.147所示。

图12.147　绘制图形

10 在时间线面板中，选中"形状图层2"图层，将时间调整到00:00:05:00帧的位置，按P键打开"位置"，单击"位置"左侧码表，在当前位置添加关键帧，如图12.148所示。

图12.148　添加关键帧

11 将时间调整到00:00:06:00帧的位置，在图像中将图形向右侧拖动，系统将自动添加关键帧，如图12.149所示。

图12.149 拖动图形

12 在时间线面板中，选中"文字"图层，按Ctrl+D组合键将图层复制1份，并将复制生成的图层移至"形状图层2"上方，再将"形状图层2"图层轨道遮罩更改为"Alpha 遮罩'文字'"，如图12.150所示。

图12.150 更改轨道遮罩

13 在时间线面板中，同时选中"文字"图层及"形状图层2"图层，按Ctrl+D组合键复制1份，并向右拖动，以更改动画入场时间，如图12.151所示。

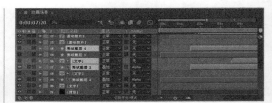

图12.151 复制图层

技巧

将图层复制1份的目的是增加1道高光效果，除复制图层之外还可以利用"重复"命令制作，可以根据自己熟悉的方法进行制作。

12.3.7 调整场景色彩

01 执行菜单栏中的"图层"|"新建"|"调整图层"命令，将生成1个"调整图层1"图层。

02 在时间线面板中，选中"调整图层1"图层，在"效果和预设"面板中展开"颜色校正"特效组，然后双击"曲线"特效。

03 在"效果控件"面板中，修改"曲线"特效的参数，分别选择"红色"及"绿色"通道，在直方图中拖动曲线，调整图像色彩，如图12.152所示。

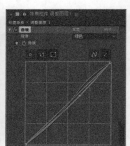

图12.152 调整色彩

04 选择"蓝色"通道，以同样方法拖动曲线，调整图像色彩，如图12.153所示。

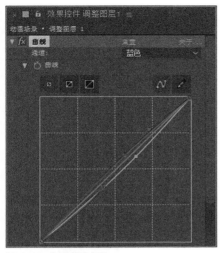

图12.153　调整图像色彩

图12.153　调整图像色彩（续）

05 这样就完成了最终整体效果的制作，按小键盘上的"0"键即可在合成窗口中预览动画。

12.4 知识总结

　　本章详细讲解商业栏目包装动画设计。通过动感手机宣传动画设计、旅游宣传片设计和电影频道标志动画设计 3 个大型商业栏目包装动画案例，全面细致地讲解了电视栏目包装的制作过程，再现全程制作技法。通过本章的学习，读者不仅可以看到栏目包装成品效果，而且可以学习到栏目包装的制作方法和技巧。

12.5 拓展训练

　　本章通过两个拓展练习，加深读者朋友对电视栏目包装的制作印象，巩固商业栏目包装的制作方法和技巧。

训练12-1 《理财指南》电视片头

◆**实例分析**

　　本例重点讲解利用 After Effects 内置的三维效果制作旋转的圆环，使圆环本身层次感分明，立体效果十足，利用层之间的层叠关系更好地表现出场景的立体效果，利用"线性擦除"特效制作背景色彩条的生长效果，从而完成《理财指南》片头动画的制作。本例最终的动画流程效果如图 12.154 所示。

难　　度： ★ ★ ★ ★ ★
工程文件：第 12 章 \ 训练 12-1\ 理财指南 .aep
在线视频：第 12 章 \ 训练 12-1《理财指南》电视片头 .avi

图12.154　最终动画流程效果

◆本例知识点

1. "三维属性"
2. "摄像机"命令
3. "圆形"
4. "CC Power Pin (CC 四角缩放)"
5. "线性擦除"

◆实例分析

　　本例重点讲解利用 3D Stroke (3D 笔触)、Starglow (星光) 特效制作流动光线效果,利用"高斯模糊"等特效制作 Music 字符运动模糊效果。本例最终的动画流程效果如图 12.155 所示。

难　度: ★ ★ ★ ★ ★
工程文件: 第 12 章 \ 训练 12-2 \《Music 频道》ID 演绎 .aep
在线视频: 第 12 章 \ 训练 12-2《Music 频道》ID 演绎 .avi

图12.155　最终动画流程效果

◆本例知识点

1. "三维属性"
2. "钢笔工具"
3. "3D Stroke (3D 笔触)"
4. "Starglow (星光)"

表A.1　工具栏

操作	Windows 快捷键
选取工具	V
手形工具	H
缩放工具	Z　（使用 Alt 键缩小）
旋转工具	W
统一摄像机工具（轨道、跟踪 XY、跟踪 Z）	C　（连续按 C 键切换）
向后平移（锚点）工具	Y
遮罩工具（矩形、圆角矩形、椭圆、多边形、星形）	Q　（连续按 Q 键切换）
钢笔工具（蒙版羽化工具）	G　（连续按 G 键切换）
文字工具（横排文字、竖排文字）	Ctrl + T　（连续按 Ctrl + T 组合键切换）
画笔、仿制图章、橡皮擦工具	Ctrl + B　（连续按 Ctrl + B 组合键切换）
暂时切换某工具	按住该工具的快捷键
钢笔工具与选取工具临时互换	按住 Ctrl 键
在信息面板显示文件名	Ctrl + Alt + E
复位旋转角度为 0 度	双击旋转工具
复位缩放率为 100	双击缩放工具

表A.2　项目窗口

操作	Windows 快捷键
新项目	Ctrl + Alt + N
新文件夹	Ctrl + Alt + Shift + N
打开项目	Ctrl + O
打开项目时只打开项目窗口	利用打开命令时按住 Shift 键
打开上次打开的项目	Ctrl + Alt + Shift + P
保存项目	Ctrl + S
打开项目设置对话框	Ctrl + Alt + Shift + K
选择上一子项	上箭头
选择下一子项	下箭头
打开选择的素材项或合成图像	双击
激活最近打开的合成图像	\
显示所选合成图像的设置	Ctrl + K

操作	Windows 快捷键
所选素材在时间轴窗口中选中该素材	Ctrl + Alt + /
删除素材项目时不显示提示信息框	Ctrl + Backspace
导入素材文件	Ctrl + I
替换素材文件	Ctrl + H

表A.3 合成窗口

操作	Windows 快捷键
显示 / 隐藏标题和动作安全区域	'
显示 / 隐藏网格	Ctrl + '
显示 / 隐藏对称网格	Alt + '
显示 / 隐藏参考线	Ctrl + ;
锁定 / 释放参考线	Ctrl + Alt + Shift + ;
显示 / 隐藏标尺	Ctrl + R
设置合成图像解析度为完整	Ctrl + J
设置合成图像解析度为1/2	Ctrl + Shift + J
设置合成图像解析度为1/4	Ctrl + Alt + Shift + J
设置合成图像解析度为自定义	Ctrl + Alt + J
显示通道（RGBA）	Alt + 1, 2, 3, 4
带颜色显示通道（RGBA）	Alt + Shift + 1, 2, 3, 4
关闭当前窗口	Ctrl + W

表A.4 文字操作

操作	Windows 快捷键
左、居中或右对齐	横排文字工具 + Ctrl + Shift + L、C 或 R
上、居中或底对齐	直排文字工具 + Ctrl + Shift + L、C 或 R
选择光标位置和鼠标单击处的字符	Shift + 单击
光标向左 / 向右移动一个字符	左箭头 / 右箭头
光标向上 / 向下移动一个字符	上箭头 / 下箭头
向左 / 向右选择一个字符	Shift + 左箭头 / 右箭头
向上 / 向下选择一个字符	Shift + 上箭头 / 下箭头
选择字符、一行、一段或全部	双击、三击、四击或五击
以 2 为单位增大 / 减小文字字号	Ctrl + Shift + 〈 / 〉
以 10 为单位增大 / 减小文字字号	Ctrl + Shift + Alt 〈 / 〉

操作	Windows 快捷键
以 2 为单位增大 / 减小行间距	Alt + 下箭头 / 上箭头
以 10 为单位增大 / 减小行间距	Ctrl + Alt + 下箭头 / 上箭头
自动设置行间距	Ctrl + Shift + Alt + A
以 2 为单位增大 / 减小文字基线	Shift + Alt + 下箭头 / 上箭头
以 10 为单位增大 / 减小文字基线	Ctrl + Shift + Alt + 下箭头 / 上箭头
大小写字母切换	Ctrl + Shift + K
小型大写字母切换	Ctrl + Shift + Alt + K
文字上标开关	Ctrl + Shift + =
文字下标开关	Ctrl + Shift + Alt + =
以 20 为单位增大 / 减小字间距	Alt + 左箭头 / 右箭头
以 100 为单位增大 / 减小字间距	Ctrl + Alt + 左箭头 / 右箭头
设置字间距为 0	Ctrl + Shift + Q
水平缩放文字为 100	Ctrl + Shift + X
垂直缩放文字为 100	Ctrl + Shift + Alt + X

表A.5 预览设置(时间轴窗口)

操作	Windows 快捷键
开始 / 停止播放	空格
从当前时间点试听音频	.（数字键盘）
RAM 预览	0（数字键盘）
每隔一帧的 RAM 预览	Shift+0（数字键盘）
保存 RAM 预览	Ctrl+0（数字键盘）
快速视频预览	拖动时间滑块
快速音频试听	Ctrl + 拖动时间滑块

表A.6 层操作(合成窗口和时间轴窗口)

操作	Windows 快捷键
复制	Ctrl + C
重复	Ctrl + D
剪切	Ctrl + X
粘贴	Ctrl + V
撤销	Ctrl + Z
重做	Ctrl + Shift + Z

操作	Windows 快捷键
选择全部	Ctrl + A
取消全部选择	Ctrl + Shift + A 或 F2
向前一层	Ctrl +]
向后一层	Ctrl + [
移到最前面	Ctrl + Shift +]
移到最后面	Ctrl + Shift + [
选择上一层	Ctrl + 上箭头
选择下一层	Ctrl + 下箭头
通过层号选择层	1~9（数字键盘）
选择相邻图层	单击选择一个层后再按住 Shift 键单击其他层
选择不相邻的层	按 Ctrl 键并单击选择层
取消所有层选择	Ctrl + Shift + A 或 F2
锁定所选层	Ctrl + L
释放所有层的选定	Ctrl + Shift + L
分裂所选层	Ctrl + Shift + D
激活选择层所在的合成窗口	\
为选择层重命名	Enter 键（主键盘）
在层窗口中显示选择的层	Enter 键（数字键盘）
显示隐藏图像	Ctrl + Shift + Alt + V
隐藏其他图像	Ctrl + Shift + V
显示选择层的特效控制窗口	Ctrl + Shift + T 或 F3
在合成窗口和时间轴窗口中转换	\
打开素材层	双击该层
拉伸层适合合成窗口	Ctrl + Alt + F
保持宽高比拉伸层适应水平尺寸	Ctrl + Alt + Shift + H
保持宽高比拉伸层适应垂直尺寸	Ctrl + Alt + Shift + G
反向播放层动画	Ctrl + Alt + R
设置入点	[
设置出点	]
剪辑层的入点	Alt + [
剪辑层的出点	Alt +]
在时间滑块位置设置入点	Ctrl + Shift + ,
在时间滑块位置设置出点	Ctrl + Alt + ,
将入点移动到开始位置	Alt + Home
将出点移动到结束位置	Alt + End

操作	Windows 快捷键
素材层质量为最好	Ctrl + U
素材层质量为草稿	Ctrl + Shift + U
素材层质量为线框	Ctrl + Alt + Shift + U
创建新的纯色层	Ctrl + Y
显示纯色设置	Ctrl + Shift + Y
合并层	Ctrl + Shift + C
约束旋转的增量为 45 度	Shift + 拖动旋转工具
约束沿 x 轴、y 轴或 z 轴移动	Shift + 拖动层
等比缩放素材	按 Shift 键拖动控制手柄
显示或关闭所选层的特效窗口	Ctrl + Shift + T
添加或删除表达式	在属性区按住 Alt 键单击属性旁的码表按钮
以 10 为单位改变属性值	按 Shift 键在层属性中拖动相关数值
以 0.1 为单位改变属性值	按 Ctrl 键在层属性中拖动相关数值

表A.7 查看层属性(时间轴窗口)

操作	Windows 快捷键
显示锚点	A
显示位置	P
显示缩放	S
显示旋转	R
显示音频电平	L
显示波形	LL
显示特效	E
显示蒙版羽化	F
显示蒙版路径	M
显示蒙版不透明度	TT
显示不透明度	T
显示蒙版属性	MM
显示时间重置	RR
显示所有动画值	U
显示在对话框中设置层属性值（与 P, S, R, F, M 一起）	Ctrl + Shift + 属性快捷键
显示笔刷设置	PP
显示时间窗口中选中的属性	SS

操作	Windows 快捷键
显示修改过的属性	UU
隐藏属性或类别	Alt + Shift + 单击属性或类别
添加或删除属性	Shift + 属性快捷键
显示或隐藏父级栏	Shift + F4
转换控制 / 图层开关	F4
放大时间显示	+
缩小时间显示	−
打开不透明对话框	Ctrl + Shift + O

表A.8 工作区设置(时间轴窗口)

操作	Windows 快捷键
设置当前时间标记为工作区开始	B
设置当前时间标记为工作区结束	N
设置工作区为选择的层	Ctrl + Alt + B
未选择层时，设置工作区为合成图像长度	Ctrl + Alt + B

表A.9 时间和关键帧设置(时间轴窗口)

操作	Windows 快捷键
设置关键帧速度	Ctrl + Shift + K
设置关键帧插值法	Ctrl + Alt + K
增加或删除关键帧	Alt + Shift + 属性快捷键
选择一个属性的所有关键帧	单击属性名
拖动关键帧到当前时间	Shift + 拖动关键帧
向前移动关键帧一帧	Alt + 右箭头
向后移动关键帧一帧	Alt + 左箭头
向前移动关键帧十帧	Shift + Alt + 右箭头
向后移动关键帧十帧	Shift + Alt + 左箭头
选择所有可见关键帧	Ctrl + Alt + A
到前一可见关键帧	J
到后一可见关键帧	K
线性插值法和自动贝赛尔插值法间转换	Ctrl + 单击关键帧
改变自动贝赛尔插值法为连续贝赛尔插值法	拖动关键帧

操作	Windows 快捷键
定格关键帧转换	Ctrl + Alt + H 或 Ctrl + Alt + 单击关键帧
连续贝赛尔插值法与贝赛尔插值法间转换	Ctrl + 拖动关键帧
缓动	F9
缓入	Shift + F9
缓出	Ctrl + Shift + F9
到工作区开始	Home 或 Ctrl + Alt + 左箭头
到工作区结束	End 或 Ctrl + Alt + 右箭头
到前一可见关键帧或层标记	J
到后一可见关键帧或层标记	K
到合成图像时间标记	主键盘上的 0~9
到指定时间	Alt + Shift + J
向前一帧	Page Up 或 Ctrl + 左箭头
向后一帧	Page Down 或 Ctrl + 右箭头
向前十帧	Shift + Page Down 或 Ctrl + Shift + 左箭头
向后十帧	Shift + Page Up 或 Ctrl + Shift + 右箭头
到层的入点	I
到层的出点	O
拖动素材时吸附关键帧、时间标记和出入点	按住 Shift 键并拖动

表A.10 精确操作(合成窗口和时间轴窗口)

操作	Windows 快捷键
以指定方向移动层一个像素	按相应的箭头
旋转层 1 度	+（数字键盘）
旋转层 -1 度	-（数字键盘）
放大层 1%	Ctrl + +（数字键盘）
缩小层 1%	Ctrl + -（数字键盘）

表A.11 效果控件窗口

操作	Windows 快捷键
选择上一个效果	上箭头
选择下一个效果	下箭头
扩展 / 收缩效果控件窗口	~
清除所有特效	Ctrl + Shift + E

操作	Windows 快捷键
增加特效控制的关键帧	Alt + 单击效果属性名
应用上一个特效	Ctrl + Alt + Shift + E

表A.12 蒙版操作（合成窗口和层）

操作	Windows 快捷键
椭圆蒙版填充整个窗口	双击椭圆工具
矩形蒙版填充整个窗口	双击矩形工具
新蒙版	Ctrl + Shift + N
选择蒙版上的所有点	Alt + 单击蒙版
自由变换蒙版	双击蒙版
对所选蒙版建立关键帧	Shift + Alt + M
定义蒙版形状	Ctrl + Shift + M
定义蒙版羽化	Ctrl + Shift + F
设置蒙版反向	Ctrl + Shift + I

表A.13 显示窗口和面板

操作	Windows 快捷键
项目窗口	Ctrl + 0
项目流程视图	Ctrl + F11
渲染队列窗口	Ctrl + Alt + 0
工具箱	Ctrl + 1
信息面板	Ctrl + 2
预览面板	Ctrl + 3
音频面板	Ctrl + 4
效果和预设面板	Ctrl + 5
字符面板	Ctrl + 6
段落面板	Ctrl + 7
绘画面板	Ctrl + 8
画笔面板	Ctrl + 9
关闭激活的面板或窗口	Ctrl + W